APROPOS
WERTE

APROPOS
WERTE

HALTUNG
ORIENTIERUNG
ERFOLG

Sven H. Korndörffer
Christiane Harriehausen

GRUSSWORT

VOLKER BOUFFIER

Volker Bouffier
Hessischer Ministerpräsident

Hessen gehört zu den leistungsstärksten Regionen in Europa. Ein Land mit einer starken Wirtschaft und einer besonderen Unternehmenskultur. Diese Kultur ist geprägt von Persönlichkeiten, die bereit sind, Verantwortung zu übernehmen – unternehmerische ebenso wie gesellschaftliche. Durch das ausgeprägte bürgerschaftliche Engagement, wie es für die Menschen in unserem Land stets kennzeichnend war, konnte sich zudem eine besondere Dynamik entwickeln.

Die Bedeutung des Themas Werte bei den Fach- und Führungskräften in Deutschland zu steigern und aufzuzeigen, dass „Werte Wert schaffen", gehört zu den Kernzielen der „Wertekommission – Initiative Werte Bewusste Führung e. V.". Vor 15 Jahren wurde sie in Hessen gegründet, ein Jubiläum, zu dem ich herzlich gratuliere.

Auch wenn es Veränderungen schon immer gab, so leben wir doch heute in einer Zeit des beschleunigten und viele Aspekte des Lebens betreffenden Wandels. Umso wichtiger ist es, eine ethische und soziale Ausrichtung für unser Handeln zu kennen. In unserer modernen, freiheitlichen und demokratischen Gesellschaft ist das unverzichtbar und ein Maßstab für die Zukunftsfähigkeit unseres Landes.

Ich freue mich über den Beitrag der Initiative zum werteorientierten Denken und Handeln in der Wirtschaft und begrüße es, dass ein hochkarätig besetzter Kreis aus verschiedenen Disziplinen sich diesen Fragen widmet. Ein solcher Austausch leistet einen Beitrag dazu, Kenntnisse und Begründungszusammenhänge zu vertiefen und zu klären. Mit dem Jubiläumsbuch „Apropos Werte" kann ein Einblick in das Verständnis verschiedener Persönlichkeiten gewonnen werden.

Den Leserinnen und Lesern wünsche ich eine anregende Lektüre. ▬

VORWORT

SVEN H. KORNDÖRFFER
CHRISTIANE HARRIEHAUSEN

„Es ist ungemein wichtig und nützlich, selbst in
einem kleinen Wirkungskreis als gutes Beispiel zu
wirken, denn auf diese Weise beeinflusst man
Dutzende und Hunderte von Menschen."

FJODOR MICHAILOWITSCH DOSTOJEWSKI

Christiane Harriehausen studierte an der Universität Hamburg Französische Literatur, Volkswirtschaftslehre und Völkerrecht. Nach ihrem Magisterabschluss im Jahr 1996 arbeitete sie bei dem Immobilienberatungsunternehmen Engel & Völkers und wechselte dann im Jahr 2000 als Redakteurin in den Milchstraßenverlag. Von dort aus ging es 2001 in die Wirtschaftsredaktion der Frankfurter Allgemeinen Zeitung, wo sie bis 2006 als Redakteurin tätig war. Persönliche Gründe führten sie nach München. Von hier aus arbeitete sie als freie Journalistin und moderierte auf Messen und Kongressen. Heute lebt sie mit ihrem Mann und ihrer Tochter in Hamburg. Im Jahr 2008 veröffentlichte sie das Buch „Altersfalle Immobilie" und war von 2017 bis 2020 für die Interviewreihe „Apropos Werte" bei der Wertekommission zuständig.

Sven H. Korndörffer studierte an der Rheinischen Friedrich-Wilhelms-Universität Bonn Volkswirtschaftslehre. Von Juli 1995 bis April 2007 war er in verschiedenen Funktionen bei der Norddeutschen Landesbank tätig, zuletzt leitete er als Bankdirektor den Vorstandsstab. Aktuell verantwortet er den Bereich Group Communications und Governmental Affairs bei der Aareal Bank Group. Außerdem ist er seit 2005 Vorsitzender des Vorstands der Wertekommission – Initiative Werte Bewusste Führung e.V. – in Deutschland. Er ist Autor und Herausgeber mehrerer Bücher über werteorientierte Führung, darunter „Was uns wichtig ist: Eine neue Führungsgeneration definiert die Unternehmenswerte von morgen" (Wiley 2005) und „Ihre Werte, bitte!" (Gabler 2010 / 2. Aufl. 2012)

Fünfzehn Jahre ist es her, seitdem die Wertekommission in Hessen ihre Arbeit aufgenommen hat. In dieser Zeit haben viele Menschen ihren Beitrag dazu geleistet, das Thema werteorientierte Führung wieder stärker in den Unternehmen zu verankern. Ob auf den zahlreichen Diskussionsveranstaltungen, bei der jährlichen Führungskräftebefragung, bei der Veröffentlichung des Buchs „Ihre Werte, bitte!" im Jahr 2010 oder bei der Interviewreihe „Apropos Werte" – es gab in den vergangenen Jahren viele gute Beispiele und Anregungen, wie Führungspersönlichkeiten noch besser auf ihr Umfeld wirken können. Eine Zusammenfassung vieler spannender und oftmals auch überraschender Einsichten findet sich nun in diesem Jubiläumsbuch der Wertekommission vereint. Drei Jahre haben die Herausgeber mit Persönlichkeiten aus Wirtschaft, Wissenschaft, Kultur, Medien, Politik und Kirche gesprochen. Allen Teilnehmern wurde ein gemeinsamer Fragebogen vorgelegt. Darin ging es nicht nur um die persönlichen Werte, sondern insbesondere auch um das Thema Digitalisierung und Globalisierung.

Ergeben hat sich ein äußerst lebendiges Bild der Wertediskussion in Deutschland, das Impulse geben kann für einen besseren Umgang miteinander und einen Führungsstil, der von Vertrauen, Verantwortung, Integrität, Respekt, Nachhaltigkeit und Mut geprägt ist; den sechs Werten der Wertekommission, welche den gedanklichen Rahmen für die Beiträge in diesem Buch widerspiegeln.

Ein gutes Vorbild für andere zu sein, ist heute wichtiger denn je. Unsere Zeit ist von Orientierungslosigkeit, fehlender Wertschätzung und Egoismen geprägt. Daran hat auch die aufgeflammte Diskussion um den Klimawandel und nachhaltiges Wirtschaften noch nicht viel geändert. Politik, Wirtschaft und Kirche verlieren als Vermittlerin von Werten immer mehr an Bedeutung. Die freiheitlich pluralistische Gesellschaftsordnung, in der wir leben, hält viele Möglichkeiten offen, erwartet aber im Gegenzug auch Eigeninitiative und Selbstverantwortung. Daran fehlt es oft, denn die persönliche Entwicklung der Menschen kann vielfach mit der gesellschaftlichen und vor allem der technologischen Entwicklung kaum mithalten. Führung wird in solch einem Spannungsfeld noch anspruchsvoller, wie die nachfolgenden Interviews eindrücklich beweisen.

Dabei bedeutet Führung auch immer Arbeit an sich selbst, denn der Blick der Menschen geht an die Spitze, was viele der Befragten besonders betonten. Vom Management erwarten die Mitarbeiter Orientierung, verantwortungsbewusstes Verhalten und Entscheidungsfähigkeit. Die Führungsetagen können viel bewegen, einfach dadurch, dass sie anderen ein gutes Beispiel geben und sich als Teil des Systems begreifen. Entscheidend sind dabei sicherlich auch eine umfassende Kommunikation und Vertrauen in die Fähigkeiten von anderen.

Menschen verstehen sich noch viel zu oft als Kontrahenten und misstrauen einander, wodurch in Unternehmen viel Zeit und Energie mit Kompetenzgerangel und entsprechenden Ineffizienzen vertan wird. Ein gesundes Selbstvertrauen wurde von vielen der Befragten daher als Schlüssel für ein besseres Miteinander angesehen. Menschen, die mit sich im Reinen sind und ihren Wert kennen, brauchen weder um ihren Platz zu kämpfen, noch fühlen sie sich in schwierigen Situationen sofort persönlich angegriffen. Das wirkt sich positiv auf alle aus.

Weiterbildung im Unternehmen, Persönlichkeitsentwicklung und die tagtägliche Besinnung auf einen von Respekt und Menschlichkeit geprägten

　　SVEN H. KORNDÖRFFER – CHRISTIANE HARRIEHAUSEN

Umgang miteinander wurden ebenfalls sehr oft als wichtige Stellschrauben für ein gutes Klima im Unternehmen genannt. Hier sehen sich viele der befragten Persönlichkeiten in der Verantwortung.

Dazu gehört allerdings die Bereitschaft, sich mit anderen Meinungen auseinanderzusetzen, und der Mut, sich diesen auch in öffentlichen Diskussionen zu stellen. Es reicht nicht mehr, dass wir in kleinen Zirkeln von Gleichgesinnten über die gesellschaftlichen Probleme diskutieren. Jetzt ist es an der Zeit, die Menschen mitzunehmen, mutige Entscheidungen zu treffen und Orientierung zu geben, auch und gerade, wenn unterschiedliche Meinungen aufeinanderprallen. Dazu können die Führungskräfte hierzulande einen wichtigen Beitrag leisten, insofern heißt es im wahrsten Sinne des Wortes „Gesicht zeigen".

Die Menschen spüren derzeit sehr deutlich, dass auf der Welt einiges ins Ungleichgewicht gekommen ist. Die Sinnhaftigkeit des eigenen Handelns und die Suche nach einem möglichst umfassenden Wertekonsens im Unternehmen, sei es auf nationaler oder internationaler Ebene, wird daher immer wichtiger. Grenzen zu überwinden, und zwar sowohl die eigenen als auch die zu anderen Menschen, lautet das Credo. Doch das braucht viel Mut, wie viele der Befragten hervorhoben.

Führung im 21. Jahrhundert ist somit anspruchsvoller geworden. Die Zeiten starrer Hierarchien und klarer Karrierewege sind vorbei. Lebenslanges Lernen und die Bereitschaft, sich immer wieder neu zu erfinden, werden Schlüsselkompetenzen für die Zukunft sein. Dass traditionelle Werte auf diesem neuen Weg von großer Bedeutung sind, belegen die Interviews in diesem Buch. Denn ohne Werte gibt es auf lange Sicht weder einen persönlichen noch einen wirtschaftlichen Erfolg. ▬

INHALT

INTE-
GRI-
TÄT

PROF. DR. CLAUDIA PEUS

„Integrität ist für mich sowohl
persönlich als auch beruflich
ein übergeordneter Wert."

Prof. Dr. Claudia Peus ist Professorin für Forschungs- und Wissenschaftsmanagement an der TU München sowie Vice Dean of Executive Education der TUM School of Management. Nach ihrer Promotion an der LMU München war sie als Visiting Scholar an der Sloan School of Management, Massachusetts Institute of Technology sowie als Post-Doctoral Fellow an der Harvard University tätig. In ihrer Forschung beschäftigt sich Prof. Peus schwerpunktmäßig mit den Themen Führung und Innovation, Wissenschaftsmanagement sowie internationalem Personalmanagement und vermittelt ihre Kenntnisse kommerziellen sowie Non-Profit-Organisationen aus dem In- und Ausland.

Welche Werte haben für Sie besondere Bedeutung und warum?
Integrität ist für mich sowohl persönlich als auch beruflich ein übergeordneter Wert. Mir ist es wichtig, dass Menschen zu ihrem Wort stehen und nicht versuchen, andere zu übervorteilen. Am Ende des Tages ist entscheidend, ob ich jemandem vertrauen kann.

Wir arbeiten derzeit intensiv mit einer Theorie, die auf Englisch „Moral Foundations" heißt und davon ausgeht, dass es sechs Grunddimensionen moralischen Handelns gibt, die sich in unterschiedlichem Verhalten manifestieren und unter Umständen auch unterschiedliche Arten von Führung bedingen. Drei sind individuumszentriert, drei sind gruppenzentriert. Die individuumszentrierten Grunddimensionen sind „Care", also Fürsorge für andere, Fairness, Freiheit. Die gruppenzentrierten Grunddimensionen sind Autorität, Loyalität und „Reinheit", die im Englischen mit Purity oder Sanctity umschrieben wird. Wir verwenden diese Theorie in der Forschung, aber auch in der Lehre bei der Führungskräfteentwicklung.

Diese Modelle sind so hilfreich, weil man systematisch zeigen kann, wie sich Menschen unterscheiden. Bestes Beispiel hierfür ist die politische Situation in Amerika. Während die Republikaner vor allem für die gruppenzentrierten

Werte stehen, fühlen sich die Demokraten vor allem den individuumszentrierten Werten Care oder Freiheit verpflichtet. Kulturunterschiede treten hier deutlich zu Tage.

Mit welchen Werten kann ein Unternehmen langfristig erfolgreich am Markt agieren? Bringt Wertschöpfung auch Wertschätzung?
Diesen Diskurs erlebe ich häufig. Der Wirtschaftswissenschaftler Milton Friedman hat gesagt: „The Business of Business is Business." Und immer wieder höre ich von Führungskräften, dass sich ein Unternehmen wertorientiertes Handeln in einer globalisierten Welt nicht leisten kann. Diese Aussagen haben wir mit mehreren Forschungsarbeiten hinterfragt. Die gute Nachricht ist: Es gibt langfristig durchaus einen Zusammenhang zwischen wertorientierter Führung und dem an harten Kennzahlen gemessenen Unternehmenserfolg. Zudem zahlen sich Motivation und Bindung der Mitarbeiter langfristig aus.

Der Markt hat sich gedreht. Die jungen Talente können sich immer mehr aussuchen, zu welchem Unternehmen sie gehen. Daher ist eine werteorientierte Führung auch wichtig, um junge Menschen für das Unternehmen zu gewinnen und zu halten. Gerade in der Knowledge Economy sind junge Talente ein wesentlicher Erfolgsfaktor.

Die Digitalisierung schreitet voran. Brauchen wir neue Werte in unserer neuen digitalen Welt, die gerade mit einer unglaublichen Schnelligkeit unser aller Leben verändert?
Die Digitalisierung führt dazu, dass Führungskräfte stärker durchleuchtet werden können, es gibt eine höhere Transparenz und es wird viel schneller kommuniziert. Quasi über Nacht kann es neue Wettbewerber geben. Was das für die Wertediskussion bedeutet, wollen wir in den kommenden Jahren klären. Erste Untersuchungen laufen bereits. Derzeit gehe ich davon aus, dass die Grundwerte die gleichen sind. Allerdings könnte durch die Kombination aus Globalisierung und Digitalisierung der Wertekonsens nicht mehr ganz so klar sein. Ein Chinese zeigt sich beispielsweise verwirrt, wenn westliche Führungskräfte Unternehmen als nicht ethisch kritisieren, die rein profitorientiert sind.

Durch die Digitalisierung wird die Herausforderung also noch größer, Werte zu leben und gleiche Werte zu finden. Langfristig müssen wir uns zudem überlegen,

PROF. DR. CLAUDIA PEUS

was die zentralen Werte sind, für die wir als Menschen stehen. So futuristisch das klingt, aber diese müssen wir in nicht allzu ferner Zukunft auch den Maschinen beibringen. Es gibt immer mehr Arbeiten, die darauf hindeuten, dass es nur noch eine Frage der Zeit ist, wann Maschinen ein Intelligenz-Niveau haben, das über unserem liegt. Und wir haben nur ein gewisses Zeitfenster, in dem wir den Maschinen unsere Werte einbauen können. Ansonsten haben wir vielleicht irgendwann Wesen geschaffen, die rein nutzenorientiert sind. Das ist per se wertfrei, zeigt aber auch, dass wir noch einen viel stärkeren Wertedialog brauchen.

Die Digitalisierung wird zudem viele Arbeitsplätze ersetzen. Wir müssen uns gut überlegen, was das für die Gesellschaft heißt. Wie wollen wir leben und arbeiten? Was sind die Bedingungen, unter denen Menschen glücklich leben können? Da kommen große Herausforderungen auf uns zu. Es ist Zeit, eine Debatte darüber zu führen, welche Werte wir in unserer Gesellschaft eigentlich leben wollen. Menschen brauchen einen Konsens über Werte und sie wollen die Werte gelebt sehen. Letztlich sind die großen politischen Krisen, wie etwa die Flüchtlingskrise oder die EU-Krise, vor allem Wertekrisen, oder anders ausgedrückt, ein Mangel an übereinstimmenden Werten.

Werteerziehung gehört zu den großen Herausforderungen unserer Zeit. Mit welchen Wertvorstellungen gehen junge Menschen heute ins Leben, und sind diese Wertvorstellungen zukunftsfähig?

Die Werteerziehung kommt nicht nur im Elternhaus, sondern auch an Schulen und Universitäten oft zu kurz. Wir versuchen, uns am Lehrstuhl dieses wichtigen Themas mit Seminaren anzunehmen, stehen aber auch noch am Anfang.

Vor allem die sogenannte Generation Y, also die ab 1980 Geborenen, bereitet uns Kopfzerbrechen. Diese jungen Menschen weisen viel höhere Narzissmuswerte auf als die Generation davor, sind unsicher, erwarten zum einen mehr Führung, tun sich aber zugleich mit Kritik schwer und haben oft unrealistische Erwartungen. Das ist bereits in der Arbeitswelt zu spüren.

> # Die Werteerziehung kommt nicht nur im Elternhaus, sondern auch an Schulen und Universitäten oft zu kurz.

Doch welche Maßnahmen können hier weiterhelfen? Neuere Arbeiten gehen davon aus, dass der rein kognitive Ansatz, der sich am Verstand, also an Erlerntem und an Erfahrungen orientiert, nicht ausreicht. Daher wenden wir uns jetzt verstärkt der Intuition zu, die oft Grundlage menschlichen Verhaltens ist. Wir haben alle sehr schnell ein Gefühl dafür, was richtig oder falsch ist. Dann rechtfertigen wir diesen Eindruck durch Reflexion und Wissen.

Wir haben alle sehr schnell ein Gefühl dafür, was richtig oder falsch ist.

Wir untersuchen das Thema gerade an einem auf dem „Spieltrieb" basierenden Ansatz. Viele Menschen spielen heute lange und oft am Smartphone oder am Computer. Dieses Verhalten wollen wir nutzen. Der Studiengang Games Engineering entwickelt für uns gerade eine Smartphone App, die dem Nutzer erlaubt, in einer virtuellen Realität wertebasierte Führung zu üben. Der Ansatz besteht aus zwei Schritten. Der erste ist noch nicht digital. Wir haben ein Verfahren entwickelt, wie man Führungsverhalten besser messen kann. Hierfür haben wir Situationen ermittelt, die von Führungskräften als wichtig und erfolgskritisch bewertet wurden. Es gibt in jeder Situation acht Verhaltensalternativen. Die Frage ist, in welcher Situation ist welches Führungsverhalten besonders erfolgreich. Hierzu haben wir umfangreiche Daten gesammelt.

Um dieses Wissen zu nutzen, können in einem zweiten Schritt diese Situationen auch in einem virtuellen Raum „erlebt" werden. Ich kann also verschiedene Verhaltensweise ausprobieren, ohne dass mein Mitarbeiter durch eine nicht ideale Reaktion für immer verschreckt ist. Die Wirkung ist viel größer als beim reinen Rollenspiel. Die Technik bietet hier neue Möglichkeiten, eine wertebasierte Unternehmensführung weiterzuentwickeln.

Korruption, Ränkeschmiede, Vetternwirtschaft: Ein Blick auf die globalisierte Welt stärkt nicht gerade das Vertrauen in funktionierende Wertesysteme. Wie können wir in unserer alles andere als perfekten Welt Werte erfolgreich leben?
Im Moment muss man tief durchatmen, weil Verhalten, dass nicht den Grundwerten unserer westlichen Kultur entspricht, kurzfristig belohnt wird. Ich persönlich finde das sehr frustrierend. Gleichzeitig ist es wichtig, den Fokus

PROF. DR. CLAUDIA PEUS

nicht immer nur auf die schlechten Beispiele zu richten. Das ist auch ein guter Ansatz bei der Wertekommission. Es gibt so viele Menschen, die wertorientiert handeln und entscheidende Beiträge für die Gesellschaft leisten. An diesen Menschen sollten wir uns orientieren und Gleichgesinnte suchen, die sich gegenseitig in ihrem wertebasierten Handeln bestärken.

Welche Persönlichkeit des öffentlichen Lebens hat für Sie wirklich Vorbildfunktion und wenn ja, warum?
Ich habe viele Vorbilder, vor allem aus dem privaten und familiären Bereich. Einen möchte ich besonders hervorheben. Es handelt sich um einen Verkäufer des Obdachlosenmagazins in München. Jeden Tag steht er gut gelaunt und voller Optimismus an der U-Bahnhaltestelle. Er strahlt in die Welt und macht das Beste aus seiner Situation. Solche Menschen sind für mich immer wieder inspirierend. Es gibt auch Wirtschaftsvertreter, die extrem werteorientiert agieren, was sehr motivierend wirkt. Führungspersönlichkeiten, die persönlich bescheiden sind und sich für ihre Mitarbeiter einsetzen, halte ich für große Vorbilder. Das sind aber meistens nicht die Leute, die in den Schlagzeilen stehen. ▬

Führungspersönlichkeiten, die persönlich bescheiden sind und sich für ihre Mitarbeiter einsetzen, halte ich für große Vorbilder.

WAHR-HAFTIG-KEIT

━━━━━━ **ALEXANDER BIRKEN**

„Wenn ich meinen Wertekanon auf
einen Nenner bringen soll, dann ist es
wohl die Wahrhaftigkeit, die mich am
meisten leitet."

Alexander Birken, 1964 geboren in Hamburg, ist seit 1. Januar 2017 Vorstandsvorsitzender der Otto Group. Zuvor war er als Konzernvorstand für die strategische Weiterentwicklung verschiedener Firmen innerhalb der Otto Group verantwortlich. Nach dem Betriebswirtschaftsstudium an der Wirtschaftsakademie Hamburg nahm Birken seine erste berufliche Tätigkeit bei Philips Medical Systems auf. 1991 stieg Birken im Controllingbereich der Otto Group ein. Von 1998 bis 1999 übernahm er die Verantwortung für das Beteiligungscontrolling der Otto Group im amerikanischen und asiatischen Markt. 1999 bis 2002 leitete Birken das weltweite Beteiligungscontrolling der Otto Group. 2002 bis 2004 war er als Chief Operating Officer der Spiegel Group in Chicago, USA, tätig. Seit 2005 ist Birken Mitglied des Vorstandes der Otto Group. Er war operativ für die Bereiche Personal, Steuerung und IT von OTTO zuständig, die 2012 an den OTTO-Bereichsvorstand übergingen, und maßgeblich für die erfolgreiche Expansion der Otto Group Russia verantwortlich. Alexander Birken ist verheiratet und Vater von vier Kindern.

Welche Werte haben für Sie besondere Bedeutung und warum?

Das ist keine leichte Frage. Wenn ich meinen Wertekanon auf einen Nenner bringen soll, dann ist es wohl die Wahrhaftigkeit, die mich am meisten leitet. Ich bin christlich geprägt und habe sehr viel evangelische Jugendarbeit gemacht. Das christliche Verständnis, das Beste aus sich selbst zu machen und diese Freiheit stets auf andere Menschen zu beziehen, hat mich sehr geprägt. Wahrhaftigkeit bedeutet für mich, meine Werte mit meinem Denken, Sprechen und Handeln in einen größtmöglichen Einklang zu bringen. Das bedeutet Wahrhaftigkeit für mich, und ich glaube zutiefst, dass diese Wahrhaftigkeit von anderen Menschen als Integrität wahrgenommen wird, die es mir und anderen ermöglicht, vertrauensvoll miteinander umzugehen. Vertrauen ist die bedeutendste Währung, und davon brauchen wir in einer Zeit großer Veränderung und erheblichen gegenseitigen Misstrauens dringend mehr.

Mit welchen Werten kann ein Unternehmen langfristig erfolgreich am Markt agieren? Bringt Wertschätzung auch Wertschöpfung?

Als ich vor einigen Jahrzehnten bei der Otto Group begonnen habe, war mein Arbeitsvertrag, auf den ich so stolz war, aus nachhaltigem, ziemlich dickem, grauen, um nicht zu sagen: hässlichem Papier. An meinem ersten Arbeitstag wurde mir erklärt, wie ich meinen Müll bitte sorgsam zu trennen habe. Ich habe erst nach und nach verstanden, worum es dem Unternehmer Michael Otto und dem Unternehmen ging: Achtsam mit den Ressourcen der Welt umzugehen und im Kleinen wie im Großen einen Beitrag dazu zu leisten, Fauna und Flora zu schützen. Das war damals ungewöhnlich, ja revolutionär.

Heute spricht jeder von Nachhaltigkeit oder dem englischen Buzzword Corporate Responsibility. Aber es geht heute wie damals um die Frage, mit welcher Haltung man ein Unternehmen führt. Ich bin von dem fasziniert, was die Gründerväter der damaligen Bundesrepublik ersonnen haben, nämlich die Soziale Marktwirtschaft. Sie bringt die beiden Werte, die unternehmerisches Handeln prägen können und sollten, in Einklang: Freiheit und Verantwortung. Zum einen also das, was Wirtschaft ausmachen sollte, nämlich die Freiheit, mit Innovationsfreude, Kreativität und betriebswirtschaftlichem Kalkül Waren und Dienstleistungen an Kund*innen zu bringen. Und andererseits dies stets mit dem Blick auf den Menschen - ob Kund*in, Kolleg*in oder Geschäftspartner*in – zu gestalten und dabei die großen Herausforderungen der Menschheit wie die Globalisierung, die Digitalisierung und den Klimawandel stets in den Blick zu nehmen. Das ist die Herausforderung, weshalb ich heute von einer Ökosozialen Marktwirtschaft sprechen würde.

Für uns als Unternehmer bedeutet das, für die Freiheit unternehmerischen Handelns ebenso zu kämpfen wie für verantwortungsvolles Handeln.

Für uns als Unternehmer bedeutet das, für die Freiheit unternehmerischen Handelns ebenso zu kämpfen wie für verantwortungsvolles Handeln. Sich als Teil der Gesellschaft und damit auch als Teil des Problems und der Lösung der großen Fragen dieser Zeit zu verstehen, wird von der Gesellschaft zunehmend gefordert. Ich bin zutiefst davon überzeugt, dass verantwortliches Handeln einer Branche oder eines Unternehmens auf kurz oder lang zur Licence to operate wird. Wir erleben das bereits bei jungen Kolleg*innen, die darauf bestehen, die Sinnhaftigkeit ihres Tuns mit den Werten zu verbinden, die im Unternehmen propagiert und vor allem sichtbar gelebt werden. Wertschätzung für die gesellschaftlichen Herausforderungen definieren in Zukunft den inneren Wert von Unternehmen, Waren und Dienstleistungen

ALEXANDER BIRKEN

und werden zum Wettbewerbsvorteil gegenüber Unternehmen, die ausschließlich am Shareholder-Value orientiert sind. Aus meiner Sicht ergeben sich insbesondere für Unternehmen mit einem europäischen Wertekanon weltweit ganz hervorragende Chancen.

Die Digitalisierung schreitet voran. Brauchen wir neue Werte in unserer neuen digitalen Welt, die gerade mit einer unglaublichen Schnelligkeit unser aller Leben verändert?

Das ist eine sehr spannende Frage, die ich in den letzten Monaten in einem Kreis von Kolleg*innen sehr unterschiedlicher Richtung sehr ernsthaft diskutiert habe. Als eine Unternehmensgruppe, die von der Digitalisierung der Konsument*innen, der Geschäftsmodelle und der Wettbewerbsarena hautnah betroffen ist, spüren wir die Notwendigkeit, unsere bisherige Art von Führung, Organisation und Prozessen grundlegend zu hinterfragen. Das ist der Grund, warum wir uns in den letzten vier Jahren im Zuge eines umfassenden Wandlungsprozesses stark verändert haben. Der Wandel der Kultur unseres Miteinanders war uns dabei wichtiger als vordergründige Restrukturierungen. Gelernt haben wir, dass sich die Haltung insbesondere von Führungskräften erheblich verändern muss, damit partizipative, kollaborative und agile Prozesse entstehen können.

Ebenso spannend ist aber die Erfahrung, dass wir Werte nicht an der Garderobe der Digitalisierung abzugeben brauchen. Auch benötigen wir keine neuen Werte, stattdessen eher ein Revival alter Werte: Achtsamkeit, Authentizität und ein neues Verständnis von Vielfalt, dass Unterschiede zwischen den Menschen nicht nur akzeptiert, sondern als Chance wahrnimmt – um nur diese drei zu nennen.

Dabei werden die Themen verantwortlichen Handelns im Zeitalter der Digitalisierung breiter. Viele Menschen sorgen sich, ob sie die damit einhergehenden Veränderungen bewältigen können. Der Umgang mit Daten und die Auseinandersetzung mit der Zukunft von Arbeit sind die beiden Themenräume, in denen

Aus meiner Sicht ergeben sich insbesondere für Unternehmen mit einem europäischen Wertekanon weltweit ganz hervorragende Chancen.

laut Expertenmeinung Lösungen von uns als Otto Group erwartet werden. Aus diesem Grund haben wir zu diesen Themen einen Dialog mit Stakeholdern begonnen, um Wertbeiträge zu leisten. Wenn wir der zunehmend zu beobachtenden Vertrauenskrise in der Gesellschaft begegnen und weiterhin werteorientiert leben und arbeiten wollen, braucht es einen gesamtgesellschaftlichen Wandel, bei dem wir alle am Prozess Beteiligten mitnehmen müssen.

Werteerziehung gehört zu den großen Herausforderungen unserer Zeit. Mit welchen Wertvorstellungen gehen junge Menschen heute ins Leben, und sind diese Wertvorstellungen zukunftsfähig?

Ich glaube nicht, dass die Werte der jungen Generation sich fundamental von denen der älteren Generation unterscheiden.

Ich glaube nicht, dass die Werte der jungen Generation sich fundamental von denen der älteren Generation unterscheiden. Sie werden nur anders gelebt. Das beobachte ich nicht zuletzt bei meinen eigenen Kindern. Ich erlebe die junge Generation heute sehr motiviert und engagiert. Einerseits rückt die Entfaltung des eigenen Individuums stärker in den Fokus und damit auch die sinnhafte persönlichen Entwicklung. Andererseits herrscht ein viel größerer Gemeinsinn, als ich dies bei älteren Generationen beobachte. Beides zusammen finde ich sehr erfreulich und ja, ist natürlich zukunftsfähig. Das hat auch Auswirkungen auf unser gesellschaftliches Miteinander, auf die Zukunft unserer Arbeit und auf unsere Unternehmenskultur. Wir alle müssen uns bewegen. Der Umgang miteinander, das Zusammenleben der Menschen und der Umgang mit anderen Kulturen müssen sich definitiv verändern. Wir müssen offener und mutiger werden, wir müssen lernen, loszulassen, toleranter zu werden und mehr Freiräume zu schaffen, wenn wir unsere gesellschaftlichen Probleme langfristig lösen und den digitalen Wandel meistern wollen. Nach wie vor suchen gerade junge Menschen nach Vorbildern. Zwar wissen sie heute mehr als so mancher erfahrene Manager, aber das Erfahrungswissen ist immer noch ein hohes Gut, das auch ebenso hochgeschätzt wird. Wichtig ist bei allem, dass wir die vor uns liegenden Veränderungen generationenübergreifend und gemeinsam gestalten.

ALEXANDER BIRKEN

Korruption, Ränkeschmiede, Vetternwirtschaft: ein Blick auf die globalisierte Welt stärkt nicht gerade das Vertrauen in funktionierende Wertesysteme. Wie können wir in unserer alles andere als perfekten Welt Werte erfolgreich leben? Offenkundiges Fehlverhalten der Wirtschaftseliten hat es zu jeder Zeit gegeben. Ich glaube, dass dies angesichts der hohen Transparenz, die wir in allen Gesellschaften mit dem Internet haben, nicht mehr akzeptiert und zu Recht skandalisiert wird. Umso größer ist die Herausforderung für Unternehmer und Unternehmen, Vertrauen zurückzugewinnen. Das geht nicht mit starken Sprüchen und bunten Kampagnen, sondern mit harter Kärrnerarbeit im Maschinenraum des eigenen Unternehmens, mit einer sehr ehrlichen und transparenten Kommunikation und der gelebten Haltung, weit über den Tellerrand der eigenen Filterblase hinaus, Lösungen anzubieten und anzustreben. Dazu braucht es eine klare Haltung, Mut und die Bereitschaft zur tatsächlichen Veränderung. Dabei müssen wir das Gemeinwohl stets im Blick behalten. Gelingt uns dies und schaffen wir es, in gemeinsamer Anstrengung wieder als verantwortungsbewusst wahrgenommen zu werden, so werden Unternehmen verloren gegangenes Vertrauen in sich und in das Wertesystem zurückgewinnen.

Welche Persönlichkeit des öffentlichen Lebens hat für Sie wirklich Vorbildfunktion und wenn ja, warum?
Für mich gibt es nicht die eine Persönlichkeit. Im Umfeld der Otto Group erlebe ich durchaus einige wahrhaftige Menschen mit einer vorbildlichen Haltung. Persönlichkeiten, die die Vision von einem sogenannten „Responsible Commerce", einem verantwortungsbewussten Handel, verfolgen und daraus täglich neue Energie für die Herausforderungen einer nachhaltigen Wirtschaftstätigkeit schöpfen.

Im politischen Bereich freue ich mich über diejenigen Persönlichkeiten, die tatsächlich Fragen stellen und nicht nur ihre Statements vorbringen. Am ausgeprägtesten erlebe ich das tatsächlich bei unserem Bundespräsidenten Frank-Walter Steinmeier. ▬

MUT

━━━━━━● **WOLF LOTTER**

„Für mich steht der Mut an erster Stelle.
Damit meine ich den Mut, sich im Sinne des
deutschen Philosophen Immanuel Kant (1724
bis 1804) des eigenen Verstandes zu bedienen,
Selbstbestimmung zu erlangen und eigene
Entscheidungen zu treffen."

Wolf Lotter lebt als Autor, Journalist und Speaker in der Nähe von Stuttgart. Er beschreibt als Publizist seit den 1980er-Jahren das Thema Transformation von der Industrie- zur Wissensgesellschaft. 1999 war er Gründungsmitglied des Wirtschaftsmagazins brand eins, für das er seither die Leitessays (Einleitungen) schreibt. Dabei beschäftigt er sich mit dem kulturellen, sozialen und persönlichen Wandel der Menschen in der Organisation des 21. Jahrhunderts. Nach seinem Bestseller „Innovation. Streitschrift für barrierefreies Denken" (Edition Körber, 2018) legt Lotter im Herbst 2020 sein neues Buch „Zusammenhänge. Wie wir lernen, die Welt wieder zu verstehen" vor, ein Appell, sein Wissen zu teilen und sich aktiv der Komplexität zu stellen – gerade in der Krise unserer Gesellschaften. Kontakt: wolflotter.de

Welche Werte haben für Sie besondere Bedeutung und warum?
Für mich steht der Mut an erster Stelle. Damit meine ich den Mut, sich im Sinne des deutschen Philosophen Immanuel Kant (1724 bis 1804) des eigenen Verstandes zu bedienen, Selbstbestimmung zu erlangen und eigene Entscheidungen zu treffen. Damit einher geht die Aufforderung: Lass dich nicht von anderen denken.

Das alles sind große Aufgaben für Menschen, die in einer Gesellschaft groß geworden sind, die dem Menschen vermittelt, dass er immer von anderen abhängig sein muss. Der Mut zur Selbständigkeit, zum „Nicht Mitmachen" und Querdenken hat seinen Preis. Dieser Kraftakt ist aber elementar, weil er uns erst die Freiheit bringt, aus der heraus sich alles andere entwickeln kann. Ohne Freiheit bleiben alle Werte leere Begriffe und Lippenbekenntnisse.

Für mich ist Freiheit ein Fundament der Aufklärung, des westlichen Denkens, das sich frei gemacht hat von Ideologien. Allerdings muss sie täglich neu errungen werden. Derzeit bleiben wir hinter unseren Möglichkeiten weit zurück. Es ist herausfordernd, selbständig zu denken, weil dies ein Prozess ist, der nie zu einem Ende kommt und uns immer wieder mit neuen Aufgaben konfrontiert.

Unsere Zeit ist von technischem Fortschritt, zunehmender Automatisierung und Wohlstand geprägt. Wir freuen uns über eine lange Lebenserwartung und die Errungenschaften des Sozialstaates. Doch gerade vor diesem Hintergrund dürfen wir nicht „müde" werden und uns behaglich zurücklehnen. Unsere Gesellschaft sollte sich zudem dringend mit der Frage beschäftigen, wem sie dient. Sie dient nicht mehr der Masse, sie dient dem Einzelnen. Das bedeutet aber auch mehr Verantwortung. Wir können alle Annehmlichkeiten unseres Lebens nur dann sinnvoll nutzen, wenn wir uns der Individualisierung nicht verwehren – also keine Angst vor uns selbst haben.

Mit welchen Werten kann ein Unternehmen langfristig erfolgreich am Markt agieren? Bringt Wertschätzung auch Wertschöpfung?

Mut und Selbstbestimmung sind auch hier an erster Stelle zu nennen, denn sie machen den langfristigen Erfolg eines Unternehmens überhaupt erst möglich. Wer gelernt hat, eigene Entscheidungen zu treffen, schätzt auch die Entscheidungen anderer und kann zuhören. Man geht also in eine andere Form von Dialog und Verständnis. Die für unsere Kultur so typische Trennung von Wir und Ich ist im Grunde falsch. Denn nur ein starkes Ich kann auch ein starkes Wir generieren. Und Markt ist ja nichts anderes als Gemeinschaft, also Gesellschaft, Austausch und Kommunikation. Es geht also um ein Sowohl-als-auch statt des bisherigen Entweder-oder.

> **Wer gelernt hat, eigene Entscheidungen zu treffen, schätzt auch die Entscheidungen anderer und kann zuhören.**

Saturierte Märkte brauchen keine Nullachtfünfzehn Lösungen. Die Akteure merken schnell, wer ihnen wirklich Wertschätzung entgegenbringt und wer eigene, unverwechselbare Konzepte anbietet. Ich glaube nicht, dass es darum geht, opportunistisch zu sein und immer allen nach dem Mund zu reden. Im Gegenteil. Wenn ich deutlich machen kann, wer ich bin und wofür ich stehe, können sich andere viel besser für mich entscheiden, oder eben auch nein zu meinem Angebot sagen.

Innerhalb eines Unternehmens ist es wichtig, auf die Vielfalt der Mitarbeiter und ihre ganz persönlichen Talente einzugehen. Wir brauchen Originalität, um uns abzuheben. Wertschätzung für das Unverwechselbare schafft in unseren von Überfluss geprägten Märkten einen klaren Wettbewerbsvorteil. Das ist in der Praxis ein schwieriger Prozess, weil Interessen abgewogen werden müssen. Aber wenn Entscheidungen nachvollziehbar sind, man also erkennen lässt, warum man sich für die eine oder die andere Vorgehensweise entscheidet, hilft das allen Beteiligten. Auf die jeweilige Situation angemessen zu reagieren und die entsprechenden Talente zum Einsatz zu bringen, das ist die Kunst. Dafür müssen sich die Beteiligten aber auch zurücknehmen können und sich nicht immer als Mittelpunkt des Geschehens betrachten. Das fällt nicht immer leicht.

Die Digitalisierung schreitet voran. Brauchen wir neue Werte in unserer neuen digitalen Welt, die gerade mit einer unglaublichen Schnelligkeit unser aller Leben verändert?

Ich denke, dass es nicht um neue Werte geht, sondern dass wir unsere traditionellen Werte nur übertragen müssen. Wir brauchen aber ein neues Verhältnis dazu. Wir moralisieren sehr stark, wo es um nüchterne Ethik gehen sollte. Es gibt eine Politik der Gefühle, wo eine zurückgenommene Betrachtungsweise richtig wäre, gerade in Zeiten massiver Veränderungen. Alte Muster gibt es, ja, und die sind gefährlich.

Das heißt aber gleichsam nicht, dass man das Kind mit dem Bade ausschütten sollte. Die „Digitalisierung" selbst wird wenig nüchtern und vorwiegend als Schlagwort betrieben. Dabei ist sie nur ein weiterer Abschnitt der Automatisierung. Wir bringen, wie es der Schweizer Historiker David Gugerli so wunderbar formuliert hat, die „Welt in den Computer". Damit sind die aber die Regel „der Welt", also die der Menschen, nicht außer Kraft gesetzt. Man darf keinen Popanz aufbauen: Eine Maschine ist eine Maschine.

Ich glaube eher an Entwicklungen als an Revolutionen. Revolutionen vernichten etwas und versprechen dafür was Neues, nur passiert das recht selten. Die Digitalisierung verändert etwas, aber in einem normativen Rahmen, den wir bereits kennen. Menschen haben bestimmte Bedürfnisse, und die werden auch im Zuge der Digitalisierung weiter nachgefragt.

Was sich merklich verändert, ist der Wohlstand. Wenn wir über Digitalisierung sprechen, meinen wir ja letztlich Automatisierung, und die hat in den vergangenen Jahrzehnten zu mehr Wohlstand und Freizeit geführt. Gleichzeitig hat die Automatisierung uns aber auch der Verantwortung für uns selbst beraubt. Das ist nun der schwierige Balanceakt. Wir haben so viele Möglichkeiten wie noch nie, etwas aus uns und unserer Welt zu machen, haben aber zugleich verlernt, neugierig zu sein und uns zu engagieren. Die Frage ist also, wie bleibt man in Zeiten, in denen man satt und zufrieden ist, hungrig?

Zudem ist es wichtig, dass wir noch einmal über den Begriff der Gleichheit reden. Bei uns bedeutet Gleichheit oft Gleichmacherei. Aber das ist damit nicht gemeint. Wir müssen dem Menschen an sich gerecht werden und dabei können uns Automationsprozesse helfen. Sie helfen uns, unser Leben nicht mehr mir Routinearbeiten zu verplempern. Der Preis dafür ist, dass wir uns selbst erkennen, uns also mit uns beschäftigen müssen. Geschieht das nicht, läuft man Gefahr, den totalen „Nehmens-Staat" zu erreichen, was nur im Totalitarismus vorstellbar ist. Schon jetzt gibt es solche Ansätze, bei denen Staaten mit Arbeitsbeschaffungsmaßnahmen und durch das Ausbeuten von Ressourcen eine „gemütliche" Versorgungssituation schaffen. Totalitarismus kommt also heute in einem anderen Gewand daher als im 20. Jahrhundert. Aber, und das sollten wir uns immer vor Augen halten, es bleibt Totalitarismus mit allen Gefahren, die damit einhergehen.

Ein weiterer Aspekt, der im Zusammenhang mit der Digitalisierung oft genannt wird, ist die vermeintlich zunehmende Schnelligkeit. Aus meiner Sicht wird Schnelligkeit oft mit Komplexität verwechselt. Was uns als schnell erscheint, ist oft nur der Blick auf eine Vielfalt. Diese ist nun in einer Form sichtbar und erfahrbar, wie es sie in der Vergangenheit nicht gab. Wir sehen auf einmal mehr. Ich vergleiche das gerne mit dem Blick aus einem Schnellzug. Wenn wir versuchen, bei hoher Geschwindigkeit etwas zu erkennen, das in kurzer Distanz zu uns liegt, rauscht es an uns vorbei, und wir können es nicht im Detail wahrnehmen. Besser ist es, wenn ich vorne oder am besten hinten hinausschaue. Dann kann ich alles im Detail erkennen. Anders gesagt: Zukunft braucht Herkunft.

Wir kommen aus einer Welt der Knappheit und haben nun die Aufgabe, uns eine Welt der Vielfalt zu erschließen. Die Versuchung liegt nahe, es sich leicht zu machen, den bereits ausgetretenen Weg zu gehen, obwohl sich so viele neue Möglichkeiten eröffnen. Doch es bedeutet Arbeit, aus der Vielfalt heraus den eigenen

Weg zu finden. Das ist eine intellektuelle Aufgabe, die man nicht bewältigen kann, wenn man nur gelernt hat, möglichst viel Wissen in sich hineinzustopfen und zu funktionieren.

Werteerziehung gehört zu den großen Herausforderungen unserer Zeit. Mit welchen Wertvorstellungen gehen junge Menschen heute ins Leben, und sind diese Wertvorstellungen zukunftsfähig?

Bildung ist eine zentrale Zukunftsaufgabe. Die Verantwortlichen haben sehr fahrlässig ein Bildungssystem aufgegeben, das man als humanistische Bildung bezeichnet. Die Schule ist nicht dazu da, Fachwissen zur Verfügung zu stellen. Gute Schulbildung basierte im humboldtschen Sinne darauf, die Grundwerkzeuge zur Verfügung zu stellen, um sich die Welt selbst zu erschließen und auf die einzelnen Talente einzugehen. Das ist aufwändig, weil es eben kein Routineprozess ist. Doch wenn wir die Jugend nicht entsprechend fördern, sehen wir die dramatischen Folgen bereits jetzt an allen Ecken und Enden.

Selbst bei jungen Menschen, die an der Universität waren, kann man heute nicht mehr davon ausgehen, dass sie über eine grundlegende Allgemeinbildung verfügen, so dass es an einer gemeinsamen Basis fehlt und Gemeinsamkeiten nur schwer zu finden sind. Jeder sieht etwas anderes, aber nicht mehr das Gemeinsame.

Zudem gilt auch hier wieder: Lehrt die Kinder Selbstständigkeit. Werteerziehung heißt letztlich, die eigene Position und die der anderen klar zu machen und aus der Unterschiedlichkeit positive Impulse zu ziehen. Dabei sollte die Frage im Mittelpunkt stehen, wo der Unterscheid zu dem ist, was ich kann, und zu dem, was andere können und wie wir das sinnvoll zusammenbringen können.

Dem liegt eine andere Vorstellung von Werten zugrunde, die nicht mehr normiert ist, wie die abendländisch-christlichen oder auch islamischen Werte. Was wir brauchen, ist die Position eines freien Menschen im Sinne der Aufklärung, der selbst in der Lage ist, sein Leben sinnvoll und sozialverträglich auszurichten.

Ich habe in Österreich die Ministerialdirektorin Katharina Kiss kennengelernt, die sich bemüht, das Prinzip „Selbstständigkeit" an Schulen zu verankern. Nicht als „Schulfach", sondern als permanente Aufforderung, Aufgaben selbstständig zu lösen. Das ist nicht bei allen Lehrern und Eltern beliebt, weil Selbstständigkeit auch Differenz erzeugen kann, und die macht Arbeit und erzeugt Widersprüche, denn oft gibt es ganz individuelle Lösungsansätze. Aber genaue diese Selbstentwicklungs-Erziehung brauchen wir. Man kann nicht Menschen zum Mitlaufen und Mitmachen erziehen und sie dafür belohnen – und sich dann wundern, wenn sie keine Lösungen für neue Probleme finden.

Wir haben heute über alle Schichten hinweg einen ungehemmten Zugang zu Wissen und Bildung, aber dieser wird nicht genutzt, weil die Metaebene der Kultur das nicht zulässt. Wir sagen: Konsumiere, aber entwickle dich nicht. So kann es nicht funktionieren.

Auch die Vermittlung eines rigiden Wertekanons, wie dies in der Vergangenheit geschehen ist, halte ich nicht für sinnvoll. Hier halten sich die Menschen oft nur an Klischees und machen im Geheimen doch so weiter wie bisher. Das führt zu einer neuen Form der Heuchelei, denn zum Guten bekennt man sich schnell. Das Gute auch zu tun, ist etwas anders. Werte bedeuten einen Zusammenhang zwischen dem, was man ethisch für richtig hält und dem eigenen Leben. Wortspenden bringen uns nicht weiter.

Im Grunde bedeutet der Begriff „Innovation" heute gar nichts mehr.

Ein Beispiel hierfür ist der Begriff „Innovation". Ich habe mich damit in meinem Buch (Innovation. Streitschrift für barrierefreies Denken) befasst. Was mir aufgefallen ist, war erst mal, wie die inflationäre Verwendung des Begriffs zu seiner Entwertung geführt hat. Im Grunde bedeutet der Begriff „Innovation" heute gar nichts mehr, weil sich alle dazu bekennen, ähnlich wie bei den Begriffen „Nachhaltigkeit" und „Digitalisierung".

Was wir sagen, müssen wir auch sichtbar werden lassen, konkret machen. Sonst hat es keine Wirkung. Das ist eine wichtige Lektion. Und das geht nur, wenn man es an sich selbst misst und damit arbeitet und experimentiert.

Korruption, Ränkeschmiede, Vetternwirtschaft: ein Blick auf die globalisierte Welt stärkt nicht gerade das Vertrauen in funktionierende Wertesysteme. Wie können wir in unserer alles andere als perfekten Welt Werte erfolgreich leben? Wir können nur unser eigenes Umfeld so gestalten, dass Taten nachvollziehbar werden. Korruption und Vetternwirtschaft sind letztlich auch das Produkt einer unzureichenden Gesetzgebung, nicht nur in regulativer, sondern vor allem auch in moralisch-ethischer Hinsicht. Die Grundlage des Problems ist eine falsche Vorstellung vom Menschen, die davon ausgeht, dass er keine Interessen hätte. Hier sollten wir ansetzen, um die richtigen Weichen zu stellen. Und ganz banal: Fast immer fehlt in Systemen mit hoher Korruption der Wettbewerb. Mit zu den korruptesten Ländern zählen immer noch die staatlichen Planwirtschaften.

Vetternwirtschaft heißt ja nichts anderes als Erfolg ohne Leistung. Wir können hier gegensteuern, in dem wir die selbstständige Leistung höher bewerten als die unselbstständige. Dadurch würde schon eine Verschiebung stattfinden.

Zudem müssen wir den Menschen und seine Natur richtig einschätzen. Wir alle sind nicht nach künstlichen Kriterien gut, wie das Ideologien und Religionen immer behauptet haben. Sondern Menschen sind Wesen, die nach dem Motto „interests don't lie" handeln. Wenn ich weiß, dass es Möglichkeiten gibt, mich korrupt zu verhalten, werde ich es irgendwann machen. Verbieten hilft da wenig. Es müsste eher den offenen Umgang mit diesen Möglichkeiten geben. Eine lebendige Marktwirtschaft hilft da wohl am besten.

Der zweite Punkt ist, wir sollten Menschen – auch materiell – belohnen, wenn sie sich richtig verhalten. Da könnte zum einen das Steuersystem einiges dazu tun. Auf der immateriellen Ebene sollten wir aufhören, die rücksichtslosen Ellenbogen-Menschen als besonders durchsetzungsstark zu bewundern. Dann wäre schon viel getan. Doch das bedeutet Bohren in harten Brettern. Bisher war es in der Menschheitsgeschichte so, dass die durchsetzungsstarken und rücksichtslosen Menschen zu Anführern gemacht wurden. Auch hier

> ## Menschen sind Wesen, die nach dem Motto „interests don't lie" handeln.

müssen neue Impulse gesetzt werden. Ich denke aber, dass wir in dieser Frage auf einem guten Wege sind.

Wichtig ist, dass wir uns selbst bewegen und nicht nur auf andere zeigen, um von unseren eigenen Unzulänglichkeiten abzulenken. Wenn wir uns verändern, verändert sich die Umwelt, wobei wir wieder bei dem Thema Selbstwert wären. Ich glaube, dass Selbstkritik und Selbstzweifel sehr wichtige Bestandteile eines gewachsenen Charakters sind. Es ist einfach wichtig, sein eigenes Handeln auch immer wieder auf den Prüfstand zu stellen. Nur dann kann wirkliche Entwicklung stattfinden.

Welche Persönlichkeit des öffentlichen Lebens hat für Sie wirklich Vorbildfunktion und wenn ja, warum?
Ich habe lange über diese Frage nachgedacht, weil eine Persönlichkeit des öffentlichen Lebens immer nur temporär, also in einzelnen Situationen, vorbildhaft ist. Ein Vorbild muss deshalb nicht jemand sein, dem wir in allem nacheifern, aber von dem wir lernen können, wie wechselhaft das Leben ist – und was man aus Überraschungen alles machen kann.

Nennen möchte ich in diesem Zusammenhang den englischen Politiker Sir Winston Churchill (1874 bis 1965). Es ist ihm in der Funktion des Premierministers gelungen, seine Außenwahrnehmung komplett zu verändern und dadurch das Verhalten eines ganzen Landes neu zu positionieren. Ich schätze ihn zudem als liberalen Denker, ungeachtet seiner sonstigen und ja durchaus wechselhaften politischen Präferenzen. Das ist kein Makel für mich. Menschen ändern sich, sie entwickeln sich. Churchill hat es zu Beginn des Zweiten Weltkriegs geschafft, durch die Kraft des Geistes einer gewaltigen Übermacht zu trotzen und Menschen zu motivieren, die eigentlich schon resigniert hatten. Das halte ich für absolut vorbildhaft. Churchill hat uns gezeigt, dass Niederlage und Sieg ganz nah beieinander liegen, und dass das Wechselhafte unser Leben bestimmt. ▬

> **Ein Vorbild muss deshalb nicht jemand sein, dem wir in allem nacheifern, aber von dem wir lernen können, wie wechselhaft das Leben ist.**

WOLF LOTTER

AU
THEN
TIZI
TÄT

━━━━━━━● **DENISE SCHINDLER**

„Authentizität ist mir sehr wichtig.
Die Welt, wie sie in sozialen
Medien gezeigt wird, wird immer
oberflächlicher. Alles glitzert rosa,
alles ist toll, und jeder ist erfolgreich. Der Schein überwiegt."

Denise Schindler ist Para-Olympionikin und seit 2011 Profi-Radsportlerin. Sie gehört zu den besten Para-Radsportlerinnen Deutschlands: Silbermedaillen-Gewinnerin bei den Paralympischen Spielen in Rio und London, mehrfache Weltmeisterin, Deutsche und Bayerische Meisterin sowie Weltcup Gesamtsiegerin. Sie erhielt viele Ehrungen, unter anderem wurde sie 2017 mit dem Bayerischen Sportpreis ausgezeichnet. Denise Schindler verlor im Alter von zwei Jahren bei einem Unfall ihren rechten Unterschenkel und entdeckte erst im Alter von 21 Jahren ihre Leidenschaft für das Mountainbiken. Sie fasste den Entschluss, sich für einen Alpencross anzumelden. Als sie erfolgreich am Gardasee ankam, war das Feuer für den Radsport endgültig entflammt. Neben ihrer Sportkarriere motiviert Denise Schindler in Vorträgen und Coachings Menschen, ihre Komfortzone zu verlassen und eigene Ziele zu formulieren.

Welche Werte haben für Sie besondere Bedeutung und warum?

Authentizität ist mir sehr wichtig. Die Welt, wie sie in sozialen Medien gezeigt wird, wird immer oberflächlicher. Alles glitzert rosa, alles ist toll, und jeder ist erfolgreich. Der Schein überwiegt. Deswegen schätze ich Menschen, die sich treu bleiben, ihren Weg gehen und sich nicht von Gruppenzwängen manipulieren lassen. Beharrlichkeit hat für mich ebenfalls einen hohen Wert. Dazu gehört, dass man nicht beim geringsten Widerstand aufgibt. Ich mag, wenn Menschen ihren Weg gehen und dran bleiben, auch wenn es schwierig wird, um ihre Ziele zu verwirklichen. Diese Erfolge sind viel nachhaltiger und wertvoller als die schnellen, mühelosen Ergebnisse.

Authentizität und Nachhaltigkeit führen langfristig zu mehr Glaubwürdigkeit und damit zu mehr Erfolg.

Mit welchen Werten kann ein Unternehmen langfristig erfolgreich am Markt agieren? Bringt Wertschätzung auch Wertschöpfung?

In meinen Augen gilt für Unternehmen das Gleiche wie für Einzelpersonen: Authentizität und Nachhaltigkeit führen langfristig zu mehr Glaubwürdigkeit und damit zu mehr Erfolg. Der Konsument hat mittlerweile bessere Möglichkeiten sich zu informieren als früher und durchschaut dadurch falsche Marketingversprechen schneller. Enttäuscht ihn ein Unternehmen, wendet er sich ab. Mit ziemlicher Sicherheit findet er einen Anbieter, der seinen Kunden und somit auch ihm mehr Wertschätzung entgegenbringt. Deshalb bringt Wertschätzung auch Wertschöpfung. Gleiches gilt auch für den Umgang mit Mitarbeitern. Junge Arbeitnehmer wählen ihren Arbeitgeber nicht nur nach der Bezahlung aus, sondern auch nach deren Image.

Die Digitalisierung schreitet voran. Brauchen wir neue Werte in unserer neuen digitalen Welt, die gerade mit einer unglaublichen Schnelligkeit unser aller Leben verändert?

Die Digitalisierung bietet viele Chancen und Gestaltungsmöglichkeiten für Unternehmen und Menschen. Diese positive Facette geht in der öffentlichen Diskussion oft unter. Ich glaube nicht, dass wir dafür gänzlich neue Werte brauchen. Vielmehr müssen wir unserer Generation beibringen, dass hinter jedem Bildschirm ein Mensch sitzt. Online verliert sich der respektvolle Umgang durch die Anonymität. Es ist an der Zeit, dass wir offensiv und laut darüber diskutieren, wie wir unsere bestehenden Werte auch in der digitalen Welt durchsetzen können. Dies wird zu einer der größten gesellschaftlichen Aufgaben, bei der Schulen und Unternehmen, aber auch Medien, eine aktive führende Rolle einnehmen müssen.

Werteerziehung gehört zu den großen Herausforderungen unserer Zeit. Mit welchen Wertvorstellungen gehen junge Menschen heute ins Leben, und sind diese Wertvorstellungen zukunftsfähig?

Die Werteerziehung bereitet unsere Kinder und Jugendlichen optimal auf ein erfülltes Leben vor. Leider halten manche Eltern zu viel von ihren Kindern weg und versäumen es, sie auf die Welt und das Leben vorzubereiten. Für ein glückliches und zufriedenes Kind ist es wichtig, auch negative Erfahrungen zu sammeln, sie selbst durchzustehen und an ihnen zu wachsen. Dadurch können viele junge Erwachsene keine Verantwortung übernehmen und Loyalität wird somit zum Fremdwort.

> Für ein glückliches und zufriedenes Kind ist es wichtig, auch negative Erfahrungen zu sammeln, sie selbst durchzustehen und an ihnen zu wachsen.

Ich glaube und hoffe, dass diese Verhaltensweisen sich selbst korrigieren. Denn auf der anderen Seite begegne ich vielen Jugendlichen, die eine große soziale Kompetenz besitzen, sich ehrenamtlich einsetzen und sich über das normale Maß engagieren. Diese junge Menschen haben keine oberflächlichen Werte. Deren Initiativen müssen stärker ins Licht gerückt werden. Dafür müssen wir uns verantwortlich zeigen und positive Beispiele in den Fokus setzen, damit sie ihre Strahl- und Übertragungskraft entfalten können.

Korruption, Ränkeschmiede, Vetternwirtschaft: ein Blick auf die globalisierte Welt stärkt nicht gerade das Vertrauen in funktionierende Wertesysteme. Wie können wir in unserer alles andere als perfekten Welt Werte erfolgreich leben?

Wir leben immer noch in einer Welt, in der wir mit Werten viel gestalten können. Dabei ist jeder einzelne Mensch und jedes Unternehmen gefordert, sich selbst zu fragen: Für welche Werte stehe ich und welche Werte möchte ich vermitteln? Dazu gehört auch, sich für diese Werte einzusetzen. Dieser Schritt erfordert Mut, aber je mehr es wagen, desto mehr können wir als Gesellschaft erreichen. In der Vergangenheit haben wir Großes aufgrund von Werten erreicht, das sollte uns anspornen für eine gemeinsame wertvolle Zukunft.

Welche Persönlichkeit des öffentlichen Lebens hat für Sie wirklich Vorbild-funktion und wenn ja, warum?

Friedhelm Julius Beucher, Präsident des Deutschen Behindertensportver-bands, brennt seit über zehn Jahren für die Bewegung des paralympischen Sports. Er kämpft für seine Herzensangelegenheit: die Gleichstellung des Behindertensports in Deutschland und gelebte Inklusion. Nach Beendigung seiner politischen Karriere 2009 nutzt er seinen Ruhestand, um dem Paralym-pischen Sport den Platz in der Gesellschaft zu geben, den er verdient. Ich bewundere Beuchers Beharrlichkeit und Leidenschaft für das Thema Behin-dertensport. Mit seinem Engagement hat er so viel erreicht. Die Geschichten, die seine paralympischen Sportler schreiben, inspirieren eine ganze Nation. Für mich ist Julius Beucher ein großes Vorbild, weil er täglich beweist, dass man mit Werten eine Gesellschaft verändern kann. ▬

RES
PEKT &
VER
TRAUEN

FRANK MARRENBACH

„Respekt und Vertrauen, diese
beiden Werte stelle ich über alles."

Frank Marrenbach – Geschäftsführender Gesellschafter, Althoff Hotels (ab 1. Mai 2020). Frank Marrenbach ist Hotelier, Unternehmer und Visionär. Mit Leidenschaft und Hingabe widmet er sich seinem Metier und ist fasziniert davon, was Menschen zu Höchstleistungen motiviert. Mit dem Leitgedanken „Gäste begeistern. Immer wieder." leitete er die letzten 22 Jahre das legendäre Brenners Park-Hotel & Spa und prägte mit seinem Engagement die gesamte Branche. 2008 verwirklichte Frank Marrenbach die Idee einer Hotelkollektion unter dem Namen Oetker und baute die Oetker Collection als CEO auf. Weltberühmte Häuser, wie das Le Bristol Paris, das Hotel du Cap Eden-Roc sowie das Eden Rock St. Barths finden sich in dem Portfolio. Zum 1. Mai 2020 wurde Marrenbach zum Geschäftsführenden Gesellschafter der Althoff Hotels berufen und übernimmt damit die operative Leitung der Gruppe. Die Althoff Hotels – gegründet von Thomas H. Althoff – stehen seit 30 Jahren für herausragende Kulinarik, exzellente Gastlichkeit und stilvolles Design.

Welche Werte haben für Sie besondere Bedeutung und warum?

. Respekt und Vertrauen, diese beiden Werte stelle ich über alles. Ein respektvoller Umgang ist entscheidend, um gerade bei kontroversen Themen miteinander im Gespräch zu bleiben. Generell werden Werte dann besonders wichtig, wenn die Situation schwierig ist. Solange alles läuft, die Umsätze gut sind und die Mitarbeiter zufrieden, steht die Wertediskussion oft nicht so im Mittelpunkt.

Was aber ein nicht respektvoller Umgang zwischen Menschen auslöst, zeigt ein Blick auf die derzeitige politische Lage in der Türkei und in den Vereinigten Staaten. Daher halte ich es für sehr wichtig, wie höchste Vertreter unserer Gesellschaft miteinander umgehen. Das Fehlen von Respekt führt zwangsläufig zu Auseinandersetzungen und zu einem Verlust an Interesse, mit einem anderen Menschen im Gespräch zu bleiben. Und was auf einer großen internationalen Ebene relevant ist, funktioniert auch in einem Unternehmen.

Vertrauen und Respekt bedingen einander. Das eine kann nicht ohne das andere funktionieren, und wir können als Menschen ohne diese beiden Werte nicht vernünftig miteinander umgehen.

Mit welchen Werten kann ein Unternehmen langfristig erfolgreich am Markt agieren? Bringt Wertschöpfung auch Wertschätzung?

Das ist fast eine rhetorische Frage. Wichtig ist in diesem Zusammenhang die Langfristigkeit. Natürlich kann ich mich kurzfristig über alle Werte hinwegsetzen und ausschließlich an der Gewinnmaximierung ausrichten. Aber wir sind ja nicht für ein paar Monate engagiert. Als Hotelier bin ich in einem langfristigen Geschäft, das betrifft sowohl Verträge als auch Partnerschaften und die Beziehung zum Kunden. Quartalsdenken gibt es bei uns nicht.

Die Wertschätzung spielt dabei eine große Rolle. Als Dienstleister kommt es für mich darauf an, mich positiv von Wettbewerbern zu unterscheiden. Das heißt, ich setze alles daran, auf der Mitarbeiterebene zu brillieren. Ein Mitarbeiter kann aber nur dann einen positiven und nachhaltigen Eindruck auf die Gäste machen, wenn er selbst Wertschätzung erfährt und sich dem Unternehmen verbunden fühlt. Wertschätzung ist also eine zentrale Komponente unseres Erfolgs.

> **Wertschätzung ist also eine zentrale Komponente unseres Erfolgs.**

Für unsere Mitarbeiter muss der Arbeitsplatz mehr sein als die Stätte des Broterwerbs. Er sollte ein geistiges Zuhause sein, im Sinne der Zugehörigkeit. Zugehörigkeit entsteht, wenn ich mich als Teil einer Wertegemeinschaft verstehe. Daher muss ein Unternehmen auch kommunizieren, für welche Werte es steht und diese leben. Dann entsteht Wertschöpfung.

Ich will ein kurzes Beispiel anführen: Der Barchef im Brenners Parkhotel ist seit fünfzehn Jahren im Haus, kennt die Gäste und weiß, was sie möchten. Solche Bindungen entstehen nur, wenn Mitarbeiter auch langfristig bleiben. In unserer Branche ist also Wertschätzung sehr wichtig.

Die Digitalisierung schreitet voran. Brauchen wir neue Werte in unserer neuen digitalen Welt, die gerade mit einer unglaublichen Schnelligkeit unser aller Leben verändert?

Werte definieren das menschliche Miteinander und keine Befähigung. Daher glaube ich nicht, dass sich die Werte im Zuge der digitalen Revolution verändern müssen, sondern unsere Fähigkeiten. Wir müssen uns in der digitalen Welt neu ausrichten und dazulernen.

In unserem Unternehmen gibt es sieben zentrale Werte: die Familie, weil wir uns als Gemeinschaft verstehen, Authentizität, Vertrauenswürdigkeit, Freude, Feinsinnigkeit, Bescheidenheit und Kreativität. Diese Werte sehe ich im Zuge der Digitalisierung nicht nur nicht hinterfragt, sondern halte sie sogar für wichtiger denn je. Denn wie wollen wir sonst mit diesem ungeheuren Wandel, der hohen Geschwindigkeit und Transparenz zurechtkommen, wenn wir kein Wertegerüst haben, das uns Halt und Zuversicht gibt? Werte müssen den Wandel begleiten, sonst sind die Menschen in einer total entsozialisierten Gesellschaft vollkommen verloren.

Die Digitalisierung bringt Chancen, aber auch viele Herausforderungen mit sich. Das ist nicht nur angenehm. Daher dürfen wir aus meiner Sicht die Digitalisierung nicht nur einfach unkritisch umarmen, sondern müssen uns fragen, was sie für unsere Mitarbeiter und uns alle bedeutet.

Bei einer Podiumsdiskussion zum Thema Digitalisierung ist mir eine junge Dame in Erinnerung geblieben. Sie saß im Publikum und wandte sich in der Fragerunde mit der Aussage an den Moderator: Ich bin zwar ein „digital native", habe mich aber in dem, worüber sie gesprochen haben, nicht wiedergefunden. Wenn es um meine Wünsche und Vorstellungen geht, unterscheide ich mich gar nicht so sehr von meinem Vater. Ich möchte gut und fair behandelt werden, erwarte Transparenz und möchte als junge Frau gute berufliche Chancen haben. Wir kommunizieren vielleicht anders, aber die Werte sind ähnlich.

Werteerziehung gehört zu den großen Herausforderungen unserer Zeit. Mit welchen Wertvorstellungen gehen junge Menschen heute ins Leben, und sind diese Wertvorstellungen zukunftsfähig?
In unserer Branche arbeiten viele junge Menschen. Ich beobachte seit einigen Jahren, dass der Respekt vor Hierarchien bei der jüngeren Generation abnimmt, und das ist gut so. Es wird eine flexiblere Form von Führung eingefordert. Die „Pyramide" mit dem Chef an der Spitze und den Untergebenen darunter ist in dieser Starrheit nicht mehr zukunftsfähig. Führung hat heute nur noch die

Anmutung von Führung, ist nahbarer und findet auf Augenhöhe statt. Den Herrn Direktor aus den achtziger Jahren des vergangenen Jahrhunderts gibt es in der Form nicht mehr. Ich mache daher gerne ein Gedankenexperiment und frage mich: Würde ich von meinen Mitarbeitern zum Anführer gewählt werden und wenn ja, warum? Das ist für mich ein wichtiger Maßstab.

Die entscheidende Frage bei dem Thema Werteerziehung ist aus meiner Sicht, ob Werte nicht nur kommuniziert, sondern auch gelebt werden. Wir alle wissen, dass nur die Inhalte in uns lebendig bleiben, die wiederholt und immer wieder thematisiert werden. In unserem Unternehmen gibt es daher ein sogenanntes „daily commitment", also ein Tagesbekenntnis, über das alle 2500 Mitarbeiter an diesem Tag diskutieren. Heute ging es zum Beispiel um den Wert „Feinfühligkeit". Dabei predigen nicht die Vorgesetzten über das Thema, sondern ein Mitarbeiter bereitet sich darauf vor, und erklärt seinen Kollegen, wie er es versteht und wie er es im Unternehmen umgesetzt sieht. Wir müssen alle immer wieder auf bestimmte Themen schauen und unsere eigene Einstellung dazu überprüfen. Diese Selbstreflexion ist wichtig. Was man nicht wiederholt und teilt, das vergeht. Dieser Weg, das Thema zum Thema zu machen, hat sich bewährt und trägt zu unserem Erfolg bei.

Am Ende macht die Unternehmenskultur den Unterschied. Daher sollte es für diesen Posten eigentlich in der Bilanz einen eigenen Anlagenamen geben, auch wenn kein quantifizierbarer Wert dafür steht. Das Tückische ist, dass eine wankende Unternehmenskultur anfangs nicht an den Zahlen zu erkennen ist. Aber wenn die Kultur erst einmal Schaden genommen hat, fällt es dem Management schwer, das Thema wieder in den Griff zu bekommen. Spätestens dann ist es auch an der sich nachteilig verändernden Bilanz zu erkennen.

Korruption, Ränkeschmiede, Vetternwirtschaft: Ein Blick auf die globalisierte Welt stärkt nicht gerade das Vertrauen in funktionierende Wertesysteme. Wie können wir in unserer alles andere als perfekten Welt Werte erfolgreich leben?
Zunächst müssen wir alle anerkennen, dass wir in einer imperfekten Welt leben, wobei Deutschland sicherlich noch zu den am wenigsten imperfekten Ländern gehört, die ich kenne. Die Frage ist allerdings, berechtigt dieses Wissen dazu, das gesamte System in Frage zu stellen? Sicherlich ist die Demokratie nicht perfekt, aber wollen wir deshalb die Demokratie abschaffen? Wollen wir

die soziale Marktwirtschaft oder die Freiheit von Unternehmen einschränken, nur weil manche das System ausnutzen oder sich falsch verhalten? Freiheit ist wichtig, weil sie die Köpfe der Menschen öffnet und Dinge ausprobieren lässt. Natürlich gibt es auf diesem Weg auch Fehlentscheidungen und Rückschläge. Es wird immer jemanden geben, der korrumpierbar ist, der betrügt oder eine kriminelle Handlung begeht. Das ist nicht zu vermeiden.

Kritisch wird es vor allem dann, wenn Vertreter mit einer besonderen Vorbildfunktion sich falsch verhalten, weil dann das gesamte System in Frage gestellt wird. In so einem Fall spielen die Sanktionen eine wichtige Rolle. Wenn die Gesellschaft den Eindruck hat, dass es eine Ungleichbehandlung gibt und der Topmanager trotz Verfehlungen noch hoch abgefunden wird, während der Angestellte seinen Job verliert, ist das nicht akzeptabel.

Wirtschaft, Politik und Gesellschaft können wir nicht trennen. Es ist alles ein Universum und bedingt sich auch gegenseitig. „Die da oben"-Gedanken führen dazu, dass frustrierte Menschen ihr Kreuzchen bei der Wahl ganz weit rechts oder links außen machen. Wir Deutsche blicken auf einen Teil unserer Geschichte zurück, in dem sich das in extremster Form manifestiert hat. Das ist nicht gut.

Welche Persönlichkeit des öffentlichen Lebens hat für Sie wirklich Vorbildfunktion und wenn ja, warum?
Bundespräsident a. D. Joachim Gauck hat für mich so eine Vorbildfunktion. Er ist hochgradig authentisch. Scheut keine Konfrontation, geht aber immer respektvoll mit allen Menschen um. Gauck nennt das Kind beim Namen, und er kann Emotionen zeigen, wodurch er die Menschen mitnimmt. Seine Vita macht ihn glaubwürdig, und die Art, wie er agiert, überzeugt. In diesem Zusammenhang möchte ich das lesenswerte Buch „Manieren" von dem Prinzen Asfa-Wossen Asserate erwähnen. In einem Kapitel geht es um das Thema Vulgarität. Asserate sagt hierzu: „Vulgarität war vor hundert Jahren die Abwesenheit von Tischmanieren. Heute da wir wissen, wie wir mit Messer und Gabel essen, ist die eigentliche Vulgarität, dem Publikum Dinge zu sagen, von denen man glaubt, dass es sie hören will, die man aber nicht meint."

Besser lässt es sich wohl kaum ausdrücken, und gerade deshalb sind Vorbilder wie Joachim Gauck für unsere Gesellschaft so wichtig. ━

INNO VATION & INDIVI DUALITÄT

━━━━━━ HELLMUT STÖHR

„Aufgrund meiner langjährigen beruflichen Erfahrung haben sich ein paar Werte heraus-kristallisiert, die für mich auch privat weiterhin große Bedeutung haben. Zudem ist es sehr wichtig, in jeglicher Beziehung Vorbild zu sein. Hier darf niemand zwischen beruflichem und privatem Umfeld unterscheiden, denn es nützt nichts, wenn ich mich beruflich vorbildlich verhalte und mich privat daneben benehme."

Hellmut Stöhr, Jahrgang 1946, Dipl.-Kfm. Nach dem Studium Marketing Trainee bei Knorr/Maizena, anschließend 20 Jahre bei Campbell Soup, verantwortlicher Geschäftsführer für die deutschen Firmen Lacroix und Beeck Feinkost. Danach Geschäftsführer bei der LSG, Lufthansa Service, sowie Bonduelle Frische, Deutschland. Viele Jahre im Vorstand der Feinkostindustrie und im Vorstand der Fischindustrie. Parallel dazu ehrenamtlich im Aufsichtsrat Greenpeace, Deutschland, und bei Slow Food. Seit der Pensionierung Dozent an der Hochschule Nürtingen und zeitweise international aktiv in der Entwicklungshilfe.

Welche Werte haben für Sie besondere Bedeutung und warum?

Aufgrund meiner langjährigen beruflichen Erfahrung haben sich ein paar Werte herauskristallisiert, die für mich auch privat weiterhin große Bedeutung haben. In den Unternehmen, in denen ich tätig war, habe ich mich immer als eine Art Dirigent gefühlt. Gemeinsam mit den Profis um mich herum habe ich versucht, im übertragenen Sinne die Harmonie des Tones zu erreichen und den Gesamterfolg des Orchesters zu maximieren. Wie man „Musik macht", wussten sie ja schon.

Daher war für mich die Innovation ein zentraler Aspekt. Ich komme aus der Lebensmittelindustrie, und es war mir wichtig, dass wir jeden Tag die Qualität der Produkte auf den Prüfstand gestellt haben. Frei nach dem Motto, jeden Tag ein bisschen besser. Heute wird leider viel Mittelmäßiges produziert, was ich nicht nachvollziehen kann.

Zudem ist es sehr wichtig, in jeglicher Beziehung Vorbild zu sein. Hier darf niemand zwischen beruflichem und privatem Umfeld unterscheiden, denn es nützt nichts, wenn ich mich beruflich vorbildlich verhalte und mich privat daneben benehme.

Sehr wichtig ist es zudem, Individualität zuzulassen. Es ist langweilig, sich immer im Gleichklang mit anderen zu befinden. Ich möchte, dass man mich und meine Strategie erkennt. Bei meinem Nachnamen war das dann immer der sogenannte „Stöhr-Faktor", den ich von meinen Mitarbeitern eingefordert habe. Dazu gehört ein offener Dialog. Ich wollte ehrliche Meinungen. Daher habe ich zum Beispiel bei Degustationen darauf geachtet, als letzter das Produkt zu probieren und vorher die Meinungen meiner Mitarbeiter zu hören.

All diese Werte habe ich immer mit dem Begriff der Nachhaltigkeit verbunden, was mir noch heute sehr wichtig ist. Leider wird das Wort „Nachhaltigkeit" zu oft gebraucht und auch missbraucht. Wir können eigentlich nicht von Nachhaltigkeit reden, wenn wir so handeln, als ob uns drei Globen zur Verfügung ständen, obwohl wir doch nur einen haben. Wir erstreben zwar ökonomische, ökologische und soziale Nachhaltigkeit, sind aber weit davon entfernt.

Dennoch müssen wir dafür kämpfen. Ich habe es geschafft, während meiner Berufszeit viele Jahre als einziger Unternehmer im Aufsichtsrat von Greenpeace Deutschland zu sein. Das war ein spannender Spagat. Aber gerade diese Verbindung von Ökonomie und Ökologie ist wichtig.

Mit welchen Werten kann ein Unternehmen langfristig erfolgreich am Markt agieren? Bringt Wertschätzung auch Wertschöpfung?
Unternehmen, die nach Gutsherrenart regiert werden, gehören immer mehr der Vergangenheit an. Allerdings gibt es noch immer Unternehmer, die Diskussionen über Werte in Unternehmen mit einem Lächeln betrachten und nicht ganz ernst nehmen.

Doch gute Kräfte können sich die Arbeitsplätze heute aussuchen, und daher spielt die Personalführung eine wichtige Rolle. Unternehmen, die ihren Mitarbeitern Wertschätzung entgegenbringen, haben da einen ganz klaren Wettbewerbsvorteil. Wertschätzung bedeutet also eindeutig Wertschöpfung.

Dem entgegen steht, dass es heute immer noch viele Mitarbeiter mit Zeitverträgen gibt. Das zeugt weder von Wertschätzung, noch führt es dazu, dass sich Mitarbeiter wirklich mit einem Unternehmen identifizieren. Zuverlässigkeit und Zeitverträge sind aus meiner Sicht einfach ein Widerspruch.

Die Digitalisierung schreitet voran. Brauchen wir neue Werte in unserer neuen digitalen Welt, die gerade mit einer unglaublichen Schnelligkeit unser aller Leben verändert?

Bei dieser Frage möchte auf die Aussagen des Bundespräsidenten Frank-Walter Steinmeier bei einer Veranstaltung des DGB vor einiger Zeit zurückgreifen, der eine neue Ethik der Digitalisierung forderte. Die Digitalisierung verändert unsere Arbeitswelt dramatisch, daher ist es unsere Aufgabe, diese neue Arbeitswelt entsprechend zu gestalten. Hier sind noch viele Fragen offen. Es kann nicht sein, dass digitale Plattformen Urlaub, Krankheit oder Rentenkasse nicht anerkennen. Hier sollte die digitale mit der realen Arbeitswelt erst einmal in Einklang gebracht werden.

Die Politik sollte gemeinsam mit den Arbeitgeberverbänden und den Gewerkschaften aktiv werden. Wir brauchen Strategien. Arbeitnehmer brauchen Perspektiven, wenn in wenigen Jahren 30 bis 50 Prozent der Arbeitsplätze aufgrund der fortschreitenden Technisierung wegfallen könnten.

Wir haben heute schon das Problem, dass durch die Scheinarbeitswelt der Zeitverträge viele Menschen so wenig verdienen, dass sie irgendwann in Altersarmut geraten werden. Und wenn dann durch die Digitalisierung auch noch viele Jobs wegfallen, haben wir einen sozialen Bruch, der kaum zu überbrücken ist. Auf der einen Seite blicken wir mit Stolz auf unser reiches Land, auf der anderen Seite laufen wir in eine problematische Entwicklung hinein.

Das Thema der Grundsicherung sollte daher aus meiner Sicht viel intensiver diskutiert werden. Ein solches Auffangnetz wäre wichtig.

Werteerziehung gehört zu den großen Herausforderungen unserer Zeit. Mit welchen Wertvorstellungen gehen junge Menschen heute ins Leben, und sind diese Wertvorstellungen zukunftsfähig?

Wir sind ein Land das Köpfe und keine Hände braucht. Doch von einer werteorientierten Erziehung, die Eigenverantwortung und kritisches Denken fördert, sind wir derzeit weit entfernt. Ich bin Diplomkaufmann und habe die Hauptfächer Marketing und Arbeitswissenschaft/Personalwesen studiert. Das ist inzwischen ein paar Jahrzehnte her, aber schon damals standen ethische Werte zumindest bei der Lehre im Vordergrund. Leider sieht die Realität in vielen Unternehmen ganz anders aus. Leute werden gemobbt, es wird gelogen und betrogen, und viele Arbeitnehmer werden alles andere als wertgeschätzt. Die große Frage ist, wie sich das ändern lässt.

Ich schaue in diesem Zusammenhang gerne auf den Fußball und bin immer wieder erstaunt, was unterschiedliche Trainer mit ein und derselben Mannschaft erreichen können. Wichtig ist es sicherlich, den Druck rauszunehmen, zu loben und vielleicht auch einmal unkonventionelle Wege zu beschreiten, wie etwa der Trainer von Hoffenheim, der als Diskjockey für seine Spieler beim Training Musik aufgelegt hat. Das lässt sich auch auf die Wirtschaft übertragen. Menschen, die innerlich frei sind, sind in der Regel auch erfolgreicher.

Vermittelt werden Werte im Elternhaus, in der Schule und in der Ausbildung. Ich selbst lehre an der Hochschule und erlebe dort zumindest in einem kleinen Ausschnitt, wie sich junge Menschen verhalten. Ich beobachte bei den Studenten vor allem Politikverdrossenheit und eine Angepasstheit, die ich als Alt-68er nicht erlebt habe. Viele suchen die einfachen Wege, um schnell durchzukommen und dann eben das Leben zu leben.

Menschen, die innerlich frei sind, sind in der Regel auch erfolgreicher.

Wenn ich auf die Weltpolitik schaue, die so viele Herausforderungen bereithält, brauchen wir eine aktivere und kritischere Generation, die sich viel stärker in das Geschehen einbringt.

Zugleich muss ich mich fragen, ob wir bei der Erziehung etwas falsch gemacht haben, wenn Schüler ihre Lehrer verprügeln, Polizisten von Passanten bespuckt oder Ersthelfer vom Roten Kreuz bei einem Einsatz attackiert werden. Vielleicht haben wir uns zu kumpelhaft mit den nächsten Generationen verhalten und den jungen Menschen zu wenig Respekt beigebracht.

Werte, die für uns und unsere Gesellschaft wichtig sind, haben wir den jüngeren Generationen scheinbar nicht richtig vermittelt, denn sonst würde es doch nicht gehäuft zu solchen gesellschaftlichen Aussetzern kommen. Die Frage ist, wie wir da herauskommen. Ich vermute, eine Korrektur funktioniert nur mit harter Hand und Konsequenz. Winfried Kretschmann (B90/Grüne), der Ministerpräsident von Baden-Württemberg, will in einigen Jahren Werteunterricht einführen, was aus meiner Sicht überfällig ist.

Es ist ein Armutszeugnis für eine Gesellschaft, wenn sie durch verstärkten Polizeieinsatz die Fehlentwicklungen in den Griff kriegen muss, die sie durch Fehleinschätzung und Tatenlosigkeit selbst verursacht hat.

Wenn wir wirklich gegensteuern wollen, müssen wir das, was wir fordern, vor allem vorleben. Ein gutes Vorbild ist der beste Lehrmeister. Ein banales Beispiel: Früher hat die Essenszeit die Arbeitszeit definiert, heute definiert die Arbeitszeit die Essenszeit. Jeder isst irgendwann, und ein gemeinsames Familienessen findet nicht mehr in allen Familien statt. Das sieht man nicht zuletzt an den immer öfter fehlenden Tischsitten der Kinder.

Diese Entwicklung wirft nicht zuletzt die Frage auf, wann ich überhaupt Einflussmöglichkeiten habe, um meine Werte zu vermitteln. Ich bin bei „Slow Food" engagiert. Mit dieser Initiative versuchen wir, den Wert von gemeinsamer „Essenszeit" im Sinne einer in Gemeinschaft verbrachten Zeit wieder in den Vordergrund zu rücken. Das ist in einer Zeit, in der alle mit „handheld food" durch die Straßen gehen, nicht so leicht. Menschen brauchen Grenzen. Das sollten wir auch in einer liberalen Gesellschaft nicht aus den Augen verlieren.

Korruption, Ränkeschmiede, Vetternwirtschaft: ein Blick auf die globalisierte Welt stärkt nicht gerade das Vertrauen in funktionierende Wertesysteme. Wie können wir in unserer alles andere als perfekten Welt Werte erfolgreich leben?
In Zeiten des VW-Abgasskandals ist das Vertrauen in die Werte und in die Führungspersönlichkeiten großer Unternehmen erschüttert. Es gibt eine aktuelle Studie von Ernst & Young, derzufolge rund 18 Prozent der befragten deutschen Firmen in den vergangenen beiden Jahren von Korruption und Betrugsfällen betroffen waren. Nun kann man sagen, dass wir mit dieser Zahl im internationalen Vergleich noch ganz gut dastehen. Aber vor zwei Jahren lag die Prozentzahl noch bei 14 Prozent. Das sollte uns zu denken geben.

Eine Befragung in der jungen Generation hat zudem gezeigt, dass junge Menschen heute viel eher bereit sind, Falschaussagen gegen Bezahlung zu machen als die älteren. Also scheint es auch hier wieder einen Zusammenhang zwischen Wertevermittlung und der derzeitigen Situation in unserer Gesellschaft zu geben. Doch wie soll man Werte vermitteln, wenn führende Unternehmen etwas anderes vorleben? Es ist ein herber Rückschlag für unser Land, dass Führungskräfte betrügen und lügen. Das hat nicht nur national, sondern auch international Auswirkungen.

Nur mit ganz strengen Regeln können wir dem entgegenwirken und zum Glück hat die Diskussion um Compliance uns schon ein Stück weit die Augen geöffnet. Deutschland ist kein Land für Korruption und Betrug und sollte es auch nie werden.

Welche Persönlichkeit des öffentlichen Lebens hat für Sie wirklich Vorbildfunktion und wenn ja, warum?
Hier möchte ich die evangelisch-lutherische Theologin Margot Käßmann nennen. Was sie sagt und veröffentlicht, kann ich nur abnicken, ob es sich um die Forderung nach Gewaltfreiheit handelt, Fremdenfeindlichkeit, Kinderarmut oder die Gleichstellung von Mann und Frau. Sie hat für mich als Person absolut Vorbildcharakter.

Doch auch eine Institution möchte ich in diesem Zusammenhang nennen: Greenpeace. Hier setzen sich viele Menschen erfolgreich für wichtige Zukunftsziele ein, sei es, dass es um Umweltfragen oder Gewaltfreiheit geht.

In dieser Organisation engagieren sich unter anderem herausragende Wissenschaftler, die bereit sind, mit einem vergleichsweise geringen Etat Großes zu leisten und sich für eine bessere Welt einzusetzen. Das ist wirklich vorbildhaft, und man muss sich fragen, ob man selber dazu bereit wäre.

Die Arbeit von Greenpeace verdient aus meiner Sicht jegliche Unterstützung. Menschen, die sich hier einbringen, sind wichtige Vorbilder und Zukunftsgestalter. ▬

VER-ANT-WOR-TUNG & MUT

━━━ ULI MAYER-JOHANSSEN

„Für mich stehen derzeit zwei Werte im Vordergrund: Verantwortung und Mut zur Veränderung sind Haltungen, die ich als wertvoll erachte. Ich glaube, wir spüren alle, dass es so wie bisher nicht weitergehen kann und wir uns die Frage stellen müssen, wie unsere Zukunft aussehen soll und was wir dafür tun können."

Uli Mayer-Johanssen gründete 1990 zusammen mit zwei Partnern die international renommierte Corporate-Identity-Agentur MetaDesign und war im Vorstand bis Ende 2014 für die inhaltliche, strategische Ausrichtung der Agentur verantwortlich. Anfang 2015 gründete sie die Uli Mayer-Johanssen GmbH, ein Unternehmen, das sich mit identitätsbasierter Unternehmens- und Markenführung aus der Philosophie der Ganzheit befasst und Visions- und Transformationsprozesse entwickelt und begleitet. Unter anderem lehrte sie als Gastprofessorin an der UdK. 2016 gründete sie mit „designing future" eine Initiative, die innovative Ansätze im Bereich der systemischen Nachhaltigkeit setzt und wurde 2018 als Mitglied, 2019 ins Präsidium der Deutschen Gesellschaft Club of Rome berufen.

Welche Werte haben für Sie besondere Bedeutung und warum?

Für mich stehen derzeit zwei Werte im Vordergrund: Verantwortung und Mut zur Veränderung sind Haltungen, die ich als wertvoll erachte. Ich glaube, wir spüren alle, dass es so wie bisher nicht weitergehen kann und wir uns die Frage stellen müssen, wie unsere Zukunft aussehen soll und was wir dafür tun können. Veränderungen kommen nicht von heute auf morgen. Aber wenn wir die Zukunftsthemen angehen, können wir Wege aufzeigen und anfangen, sie auch umzusetzen und konstruktiv zu gestalten.

Im Augenblick gibt es eine gewisse Angst vor der Zukunft, und deshalb befassen wir uns lieber nicht damit. Wir halten an den Mechanismen fest, die uns ein sicheres Leben und diesen unglaublichen Wohlstand ermöglicht haben. Wenn wir ein paar Jahrtausende zurückblicken, müssen wir erkennen, dass einstige Hochkulturen genau in solchen Momenten gescheitert sind. Auch damals hielt man am Bewährten und etablierten Verhaltensweisen fest und war nicht bereit, sich schrittweise den neuen Lebensumständen anzupassen. Beharrungsvermögen und die Unfähigkeit zur Veränderung führten in den Untergang.

Wir haben die Globalisierung der Wirtschaft überlassen und die Welt durch unser Effizienzdenken dramatisch verändert. Dadurch haben wir den Blick für die Wirkungsdimension, die Konsequenzen dessen, was wir tun, verloren und uns zunehmend auf Details konzentriert und auf die Frage, wie kann ich noch effizienter werden.

Mit welchen Werten kann ein Unternehmen langfristig erfolgreich am Markt agieren? Bringt Wertschätzung auch Wertschöpfung?
Ein ganz klares Ja. Menschen wollen sich wertgeschätzt fühlen, und sie wollen wahrgenommen werden. Ein Unternehmen kann heute nicht mehr nur wirtschaftliche Aspekte in den Vordergrund stellen. Erfolg ist eine Mischung aus vielen Komponenten, zu denen nicht zuletzt die sozialen, emotionalen und kommunikativen Fähigkeiten der Führungskräfte gehören. Darüber hinaus können wir die ökologischen Aspekte beim Thema Erfolg nicht mehr einfach ausklammern.

Wir brauchen einen Paradigmenwechsel, weg vom quantitativen Wachstum hin zum qualitativen Wachstum. Die Frage ist nur, welche Wege wir hierfür beschreiten müssen und wie schnell wir sie umsetzen können. Und wieviel Mut wir haben, die Probleme, vor denen wir stehen, aktiv anzugehen und zu lösen.

Leider steht noch viel zu oft der kurzfristige ökonomische Erfolg im Vordergrund, und eigene Wertvorstellungen werden hintangestellt. Dadurch übernehmen wir keine Verantwortung für unsere Entscheidungen und unser Handeln. Offensichtlich sind die Menschen sehr schnell bereit zu sagen: „Ich habe ja nur im Auftrag gehandelt."

Die Digitalisierung schreitet voran. Brauchen wir neue Werte in unserer neuen digitalen Welt, die gerade mit einer unglaublichen Schnelligkeit unser aller Leben verändert?
In Europa sollten wir dafür Sorge tragen, dass unsere Werte in der digitalen Welt nicht einfach überrollt werden. Es kann nicht nur um „schneller, höher, weiter" gehen. Der Traum, mittels Digitalisierung die Welt zu verbessern, entpuppt sich zunehmend als Machtinstrument in den Händen einiger weniger. Freiheit, Privatheit und die Hoheit über die eigenen Daten dürfen nicht zum Spielball bedingungsloser Kapitalisierungsinteressen werden. Daten verändern unser Leben mittlerweile auf allen Ebenen. Aus der Korrelation der gewonnenen Daten entstehen völlig neue Geschäftsmodelle, die alles Bisherige in Frage stellen. Unsere Aufgabe ist es jetzt, Rahmenbedingungen zu schaffen, in denen Menschen Kompetenzen im Umgang mit der digitalen Welt erwerben

ULI MAYER-JOHANSSEN

können. Hier ist vor allem die Politik gefordert, um Missbrauch und Kriminalität, die den einzelnen bedrohen können, zu verhindern. Die Digitalisierung birgt dann enorme Chancen, wenn wir die Sinnfrage beantworten können und wir wissen, wozu und wie wir sie nutzen wollen.

Wir brauchen keine neuen Werte, wir müssen uns unserer Werte überhaupt erst einmal wieder bewusst werden. Hierbei leistet die Wertekommission eine wertvolle Arbeit. Die entscheidende Frage ist doch, ob wir unsere Werte überhaupt noch leben oder ob sie nur noch die Kalenderblätter zieren. Ich begleite unter anderem Visions- und Transformationsprozesse in Unternehmen und ich spüre auf allen Ebenen eine große Sehnsucht nach einer Werteorientierung. Werte sind Bedürfnisräume, in denen sich Menschen wiederfinden und die sie teilen. Dies kommt letzten Endes in der Unternehmenskultur zum Ausdruck.

Viele Menschen haben derzeit das Gefühl, von den Entwicklungen förmlich überrollt zu werden und die Kontrolle zu verlieren. Es ist tatsächlich eine schwierige Phase, in der wir uns befinden. Aber es gibt auch immer Wege, wie wir uns dem stellen können. Wir stehen vor einer historisch einmaligen Situation, aber wir halten uns an den Erfahrungen und dem Wissen des Industriezeitalters fest. Das, was uns erfolgreich gemacht hat, verhindert nun, dass wir uns weiterentwickeln. Jetzt müssen wir uns aufmachen und den Sprung in ein neues Zeitalter wagen, aber in Deutschland spürt man vor allem Angst. Leider geht daher auch die Politik in Deutschland vollkommen an der Realität und den drängenden Fragen der globalen Entwicklungen vorbei.

Werteerziehung gehört zu den großen Herausforderungen unserer Zeit. Mit welchen Wertvorstellungen gehen junge Menschen heute ins Leben und sind diese Wertvorstellungen zukunftsfähig?

Werteerziehung heißt Vorleben. Daher ist die Einheit von Denken, Fühlen und Handeln so entscheidend. Wir alle haben eine Vorbildfunktion. Es nützt nichts, wenn wir Dinge predigen, dann aber ganz anders handeln. Menschen spüren das sofort. Insbesondere Führungskräfte sind oft einer schwierigen Gratwanderung ausgesetzt: Einerseits sind sie den Anforderungen der Shareholder verpflichtet und sollen maximale Gewinne erzielen, andererseits entspricht der Weg dorthin nicht immer ihren eigenen Wertvorstellungen. Das Ergebnis ist, dass der Sinn und Wert des eigenen Handelns nicht mehr erkennbar ist.

Bei jungen Leuten spüre ich diesbezüglich eine viel größere Sensibilität. Manche verweigern sich bereits dem bestehenden System, weil sie die Verlogenheit erkennen. Auch spielt für sie die Unternehmenskultur eine viel größere Rolle als noch in der Vergangenheit. Wir müssen den jungen Menschen Wege aufzeigen, wie sie sich sinnvoll in die Gesellschaft einbringen und ihre Fähigkeiten und Potenziale entfalten können.

Vor diesem Hintergrund ist es wichtig, verstärkt Erkenntnisprozesse in Gang zu setzen. Deshalb ist das Thema Bildung so immens wichtig. Nur so können wir uns den drängenden Themen unserer Zeit stellen, ohne Angst davor zu haben.

Wichtig wäre zudem eine andere Einstellung zum Thema „Fehler". Unsere Angst, auch die Angst vor dem Scheitern, lähmt. Dabei sind Fehler ein unglaublicher Erfahrungsschatz. Ein „Nein" ist oft viel hilfreicher als ein „Ja", weil wir daran sehr viel mehr lernen können. Wir leben in einer Polarität. Sie ist Grundvoraussetzung für Bewegung und Entwicklung.

Entscheidend ist, dass wir unser Handeln vom Ergebnis her denken. Wenn wir Umweltschutz predigen, aber selbst weiter gedankenlos konsumieren und Ressourcen verschleudern, ist alles was wir einfordern unglaubwürdig. Das gleiche gilt übrigens auch für Unternehmen. Auch sie müssen ihre Produkte vom Ende her denken.

Korruption, Ränkeschmiede, Vetternwirtschaft: Ein Blick auf die globalisierte Welt stärkt nicht gerade das Vertrauen in funktionierende Wertesysteme. Wie können wir in unserer alles andere als perfekten Welt Werte erfolgreich leben?
Wir brauchen einen viel stärkeren Dialog zwischen den einzelnen Kulturen, in dem wir uns alle die Frage nach der Sinnhaftigkeit und der Ethik unseres Tuns und Handelns stellen und versuchen, auf Gemeinsamkeiten aufzubauen. Ich fand den Ansatz von Robert Menasse ausgesprochen interessant, der nach seiner Zeit in Brüssel zu dem Ergebnis kam, dass ein neues Europa nur aus den Metropolen heraus entstehen kann. Regierungen werden immer nationale Interessen vertreten. Aber Metropolen haben überall ähnliche Herausforderungen, angefangen bei den Infrastrukturproblemen bis hin zu den Themen Feinstaub oder soziale Konflikte.

Auch die Bedeutung der Kultur wird in diesem Zusammenhang häufig unterschätzt. Die Förderung der Kultur ist für den gesellschaftlichen Zusammenhalt – auch über Grenzen hinweg – viel wichtiger als gemeinhin angenommen. Der Fokus liegt meistens auf der Wirtschaft, während die Kultur schnell als schönes Beiwerk abgetan wird. Wir sollten die Kultur viel stärker in den Mittelpunkt rücken und sie uns nicht nur leisten, wenn es uns gut geht. Wir gehen kaputt ohne Kultur, denn sie fördert die Auseinandersetzung mit uns und dem Leben und kann dazu beitragen, dass wir verstehen: Wir haben keine Natur, wir sind Natur. Der Schutz des Lebens ist oberstes Gebot. Das Artensterben hat bereits in großem Ausmaß begonnen und alles, was wir tun, fällt irgendwann auf uns selbst zurück. Das müssen wir verstehen und uns immer wieder bewusst machen. Eine wesentliche Frage der kommenden Jahrzehnte wird sein, ob es uns gelingt, überhaupt Urteilsfähigkeit zu erlangen. Wir alle sind davon betroffen, wir haben nur diesen einen Planeten. Politik und Wirtschaft sollten dringend umdenken und die gnadenlose Verschwendung von Ressourcen überdenken. Die Welt ist eng vernetzt. Alles hängt mit allem zusammen.

> # Wir haben keine Natur, wir sind Natur.

Welche Persönlichkeit des öffentlichen Lebens hat für Sie wirklich Vorbildfunktion und wenn ja, warum?

In den vergangenen fünfzig Jahren hat sich das Thema „Vorbild" in unserer Gesellschaft stark verändert. Es gibt nicht mehr „die Person", an der sich viele andere orientieren. Auf der einen Seite fehlen diese Orientierungspunkte und die „Säulen der Gesellschaft", auf der anderen Seite verlagert sich dadurch die Verantwortung stärker auf uns alle.

Wir brauchen vielleicht auch nicht mehr die eine Leitfigur, sondern viele Vorbilder und positive Signale, um uns den großen Zukunftsfragen zu stellen. Ich bewundere alle Menschen, die den Mut haben, Dinge zu verändern, sich den Themen zu stellen und sich auf den Weg machen.

Stellvertretend für diese Menschen steht für mich der Journalist und Philosoph Gerd Scobel. Mit seinen Beiträgen bei dem Fernsehsender 3sat gibt er wichtige Impulse und bringt unterschiedliche Perspektiven zusammen, die eben genau diese Wege aufzeigen, von denen ich gesprochen habe. ▬

MUT &
VER-
TRAU-
EN

———— **NICOLAI MÜLLER**

„Eng verbunden mit dem Wert
Mut ist für mich Vertrauen. Das
beginnt beim Vertrauen in sich
selbst. Wer sich selbst vertraut,
wird sich leichter tun, mutige
Entscheidungen zu treffen."

Nicolai Müller ist Steuerberater, zertifizierter Mediator und geschäftsführender Gesellschafter bei der Dr. Müller, Hufschmidt Steuerberatungsgesellschaft mbH und der Clever Führen GmbH. Zudem ist er Mitherausgeber des Buchs „WERTEorientierte Führung von Familienunternehmen", Veranstalter der Durchblick-Konferenz und Vorstand der „Du bist wertvoll"-Stiftung, die sich die Unterstützung von heranwachsenden Persönlichkeiten und damit die Entdeckung und Entfaltung ihrer Potenziale zur Aufgabe gemacht hat. Seinen Ansatz, gute Mitarbeiter an das Unternehmen zu binden, ihre Potenziale zu nutzen und ein angenehmes Arbeitsumfeld zu schaffen, in dem sich alle wohlfühlen, lebt Nicolai Müller im eigenen Familienunternehmen und entwickelt es stetig weiter. Das Credo des Niederrhein-verbundenen Unternehmers: Man muss Menschen mögen.

Welche Werte haben für Sie besondere Bedeutung und warum?

Für mich sind die Werte Mut und Vertrauen am Wichtigsten. Wenn ich mir ansehe, dass heutzutage fast jede Entscheidung in den sozialen Medien kommentiert wird, braucht es Mut, um überhaupt noch Entscheidungen zu treffen und sich all den Meinungen, die über einen hereinprasseln können, auch zu stellen.

Dennoch: Mutige Entscheidungen zu fällen ist wichtig, um Zukunft zu gestalten. Leider geschieht dies noch immer viel zu wenig. Die Ursachen hierfür sind vielfältig. In vielen Konzernen und Unternehmen gibt es oft zahlreiche Restriktionen, die mutige Entscheidungen erschweren können. Zugleich hat sich hierzulande eine Kultur der Angst breit gemacht, und es werden eher die Risiken als die Chancen gesehen. Vor allem in der Startup-Szene lässt sich das leider immer wieder beobachten.

Eng verbunden mit dem Wert Mut ist für mich Vertrauen. Das beginnt beim Vertrauen in sich selbst. Wer sich selbst vertraut, wird sich leichter tun, mutige Entscheidungen zu treffen.

Genauso wichtig ist das Vertrauen in Kollegen und Mitarbeiter. Wer als Führungskraft andere in die Verantwortung nimmt und ihnen Dinge zutraut, schafft Raum für Ideen und Identifikation. Menschen möchten sich einbringen und etwas bewegen. Natürlich kann mal etwas schief gehen, aber selbst Fehler bringen uns voran. Wenn wir eine Fehlerkultur fördern, die das Wachstumspotential von Misserfolgen anerkennt, schaffen wir eine gute Grundlage für ein mutiges und entscheidungsfreudiges Arbeitsumfeld, in dem Menschen Spaß an ihrer Arbeit haben und sich Dinge zutrauen.

Die Herausforderung für Führungskräfte besteht darin, diese Vertrauensbasis zu schaffen. Mitarbeitern mit Ruhe und Aufmerksamkeit zu begegnen, auch wenn man selbst unter Dauerbeschuss steht und viele Themen abhandeln muss, fällt oft schwer, ist aber von großer Bedeutung.

Für mich hat sich der Wahlspruch „Ehrlich währt am längsten" als Leitgedanke herauskristallisiert. Ich gehe daher mit „offenem Visier" durchs Leben und finde ein ehrliches Feedback sehr wichtig, auch und gerade, wenn es mich auf Probleme oder Missstände hinweist. Schlecht ist es, wenn Mitarbeiter sich aus vermeintlich taktischen Gründen zurückhalten, gewisse Dinge anzusprechen.

Und so bedeutet Vertrauen sowohl in beruflicher als auch in privater Hinsicht „Beziehungsarbeit", und die kann mühsam sein.

Mit welchen Werten kann ein Unternehmen langfristig erfolgreich am Markt agieren? Bringt Wertschätzung auch Wertschöpfung?
Ich denke nicht, dass man ohne Werte langfristig erfolgreich wirtschaften kann. Dabei spielen Mut, Vertrauen, Offenheit, Respekt und Authentizität eine wichtige Rolle.

Ein wertschätzender und respektvoller Umgang ist die Basis eines guten Miteinanders, ganz gleich welche Persönlichkeitsstruktur ein Mensch aufweist. Heute wird Respekt oft ganz anders gelebt, weil Hierarchien an Bedeutung verlieren und sich alle Mitarbeiter viel mehr auf Augenhöhe begegnen, als dies früher der Fall war. Respekt bedeutet für mich, Menschen als Menschen wahrzunehmen und wirkliches Interesse an ihnen zu zeigen.

Die Mitarbeiter spüren, ob ihnen aus rein taktischen Gründen Aufmerksamkeit geschenkt wird oder ob das Interesse an ihnen echt und aufrichtig empfunden ist. Daher ist das „Mindset" einer Führungskraft so wichtig. Nicht von ungefähr lautet mein Wahlspruch: „Man muss Menschen mögen."

Dabei geht es vor allem um die eigene Einstellung im Hinblick auf sich selbst und seine Umgebung. Es ist sehr wichtig, wie ich auf die Welt zugehe, ob ich eher pessimistisch oder optimistisch bin, ob ich mutig bin, neue Wege zu gehen, oder lieber den eingetretenen Pfaden folge. Noch wichtiger ist das im Umgang mit anderen: Wenn ich in einem Menschen die Eigenschaften sehen kann, die ihn auszeichnen und wertvoll machen, so ist das einfach gut für ihn und gut für das Unternehmen.

Allerdings gehört dazu die Fähigkeit, sein Ego auch einmal hintenanzustellen und sich als Führungskraft zurückzunehmen, um dem anderen Raum für seine Entfaltung zu lassen. Diese Erfahrung kann für beide Seiten sehr wohltuend sein, erfordert aber wieder Mut, Vertrauen und die Fähigkeit, sich nicht selbst immer in den Mittelpunkt zu stellen. Keine leichte Aufgabe!

Ich beobachte oft, dass Führungskräfte sich daher lieber auf das sichere Terrain der Zahlen, Daten und Fakten zurückziehen. Doch damit allein kann niemand erfolgreich wirtschaften. Wertschätzung ist daher eine elementare Stellschraube für die Wertschöpfung eines Unternehmens. Leider sieht die Realität oft anders aus. Viele arbeiten noch immer nach dem Motto „nicht getadelt ist Lob genug", doch diese Einstellung führt zu unzufriedenen Mitarbeitern. Jeder Mensch braucht Lob und freut sich über ein „Danke".

Ein weiterer wichtiger Aspekt ist in diesem Zusammenhang das Thema Offenheit. Es ist gut, wenn Mitarbeiter ohne Angst auch kritische Punkte ansprechen können. Wahrheit kann zwar wehtun, aber es nützt nichts, wenn Dinge verschwiegen werden, weil Mitarbeiter Angst haben, über Probleme zu sprechen.

Das Ganze hat auch eine ökonomische Perspektive, denn bis zu einem Drittel der Personalkosten in Unternehmen sind Konfliktkosten.

Die Digitalisierung schreitet voran. Brauchen wir neue Werte in unserer neuen digitalen Welt, die gerade mit einer unglaublichen Schnelligkeit unser aller Leben verändert?

Ich bin versucht zu antworten, dass es ein Anfang wäre, erst einmal die alten Werte zu leben. Doch das ist zu kurz gegriffen. Was ich beobachte, ist, dass der Wunsch nach Orientierung und Struktur zugenommen hat. Viele Menschen laufen derzeit in die Überforderung, denn es gibt zu viele Informationen in zu kurzer Zeit.

Zugleich nimmt die Hemmschwelle ab. Die Anonymität des Internets ermöglicht einen respektlosen Umgang miteinander, der in dieser Form untragbar ist. Wir brauchen wieder eine vernünftige Diskussionskultur, die über das wenig zielführende Stammtischgeplänkel hinausgeht. Es gibt immer einen gewissen Prozentsatz an Menschen, denen man nichts recht machen kann, die aber außer Kritik und persönlichen Angriffen keine Lösung zu möglichen Problemen beitragen. Das hat enorme Auswirkungen auf die Bekleidung von ehrenamtlichen Positionen und öffentlichen Ämtern, so dass viele keine Lust haben, diese zusätzliche psychische Belastung zu tragen.

Jeder muss für sich überlegen, welche Informationen er konsumieren möchte. Ich selbst habe zum Beispiel ein sehr ambivalentes Verhältnis zu Nachrichten. Dort wird der Fokus zu oft auf die nächste dramatische Schlagzeile gerichtet. Da muss man am Ende ja glauben, dass die Welt schlecht und böse sei.

Auch die Schnelllebigkeit ist ein großes Problem, für unsere Kunden ebenso wie für unsere Mitarbeiter. Hier sind wir gefordert, eigene Regeln aufzustellen und innerhalb und außerhalb des Unternehmens zu vermitteln, dass es durchaus in Ordnung ist, wenn die Antwort auf eine Mail mehr als eine Minute dauert. Das hat nichts mit fehlender Dienstleistungsorientierung zu tun. Im Gegenteil: Bei dauernder Überforderung bricht sonst irgendwann das ganze System zusammen, und damit ist niemandem geholfen, auch nicht dem Kunden. Allerdings ist die Angst, mit Kunden über diese Themen zu sprechen und die notwendigen Konsequenzen zu ziehen, sehr hoch. Hier dominiert noch immer die Sorge, Kunden zu verlieren, wenn man eben vermeintlich zu langsam ist.

Werteerziehung gehört zu den großen Herausforderungen unserer Zeit. Mit welchen Wertvorstellungen gehen junge Menschen heute ins Leben, und sind diese Wertvorstellungen zukunftsfähig?

Ich glaube nicht, dass sich die Wertvorstellungen wesentlich verändert haben. Was sich verändert hat, ist das Selbstbewusstsein, mit dem junge Menschen heute in die Welt gehen. Dies führt zu neuen Herausforderungen. Denn starke Persönlichkeiten brauchen auch starke Führungskräfte, die mit Widerworten umgehen können. Das führt gerade bei älteren Generationen zu Irritation. Hierarchien und Titel werden für jüngere Menschen immer unwichtiger. Es zählt mehr die Authentizität meines Gegenübers und weniger, was sie hat, sondern was sie als Persönlichkeit darstellt.

Vor diesem Hintergrund sollten wir uns immer bewusst sein, wie sehr wir als Führungskräfte auf dem Prüfstand stehen und wie genau unser Handeln oder Nichthandeln von den Mitarbeitern registriert wird. Das beginnt damit, wie ich jemanden begrüße, bis hin zu meiner Parkplatzwahl. Der Fisch stinkt ja bekanntlich vom Kopf. So ist die Vorbildfunktion von großer Bedeutung, wenn ich bei Menschen, ganz gleich welchen Alters, eine Verhaltensänderung bewirken möchte.

Daher stelle ich mir immer wieder die Frage: Was ist meine Rolle als Unternehmer? Natürlich ist in diesem Zusammenhang das operative Geschäft sehr wichtig, aber zugleich möchte ich den Menschen, mit denen ich zusammenarbeite, auch etwas mitgeben, damit sie sich weiterentwickeln können. Für mich gilt: Je mehr ich vom Leben sehe, desto mehr kann ich aufnehmen und reflektieren, um mir dann letztlich meine eigene Meinung bilden zu können.

Das fängt im Grunde schon bei kleinen Kindern an. Sie dürfen sich in unserer Gesellschaft kaum noch ausprobieren. Vor diesem Hintergrund habe ich die „Du bist wertvoll-Stiftung" ins Leben gerufen, die sich die Förderung von Kreativität bei Kindern und Jugendlichen zum Ziel gesetzt hat.

In Deutschland ist unser Bildungssystem auf Konformität und nicht auf Kreativität ausgerichtet und das, obwohl wir in Zukunft wahrscheinlich immer weniger Menschen mit einem solchen Profil in der Arbeitswelt benötigen wer-

In Deutschland ist unser Bildungssystem auf Konformität und nicht auf Kreativität ausgerichtet.

den. Hier muss dringend gegengesteuert werden, damit wir dem internationalen Vergleich Stand halten.

Korruption, Ränkeschmiede, Vetternwirtschaft: ein Blick auf die globalisierte Welt stärkt nicht gerade das Vertrauen in funktionierende Wertesysteme. Wie können wir in unserer alles andere als perfekten Welt Werte erfolgreich leben?
Die angesprochenen Probleme sind keine neuen und begegnen uns in der Menschheitsgeschichte schon seit Tausenden von Jahren. Doch heute ist die Welt schneller und auch transparenter geworden. Daher bekommen wir viel mehr über die Missstände in der Welt mit und müssen noch stärker darauf achten, worauf wir unseren Fokus richten.

Es gibt sehr viele Menschen, die sich richtig verhalten, nur finden die „good news" in der Regel deutlich weniger Aufmerksamkeit als die „bad news".

Jeder entscheidet für sich, ob er Korruption akzeptiert. Hier sind wir wieder bei meinem Kern-Wert „Mut". Die Fragen, wie will ich wirtschaften und wie will ich mich in der Berufswelt positionieren, kann nur jeder für sich beantworten und muss dann eben mit den Konsequenzen leben.

Es gibt zu diesem Thema ein wunderbares Zitat aus dem Banken-Krimi „The International" aus dem Jahr 2009: „Wir haben keine Kontrolle über das, was das Leben mit uns macht. Die Dinge geschehen, ehe man um sie weiß und wenn sie geschehen sind, zwingen sie einen, andere Dinge zu tun, bis man am Ende jemand geworden ist, der man nie sein wollte." Besser kann man das Dilemma rund um die Wirkung äußerer Einflüsse auf die eigene Persönlichkeit kaum beschreiben.

Für mich sind Menschen, die Ehrenämter übernehmen, Persönlichkeiten mit Vorbildfunktion.

Welche Persönlichkeit des öffentlichen Lebens hat für Sie wirklich Vorbildfunktion und wenn ja, warum?
Für mich sind Menschen, die Ehrenämter übernehmen, Persönlichkeiten mit Vorbildfunktion. Wenn man sich beispielsweise die freiwillige Feuerwehr anschaut, ist es bewundernswert, mit welchem Einsatz hier Menschen ihre Freizeit investieren, um anderen zu helfen. Davor habe ich tiefen Respekt. ▬

DR. WIEBKE ANKERSEN

„Respekt ist für mich heute wichtiger denn je. Für ein gelungenes Miteinander braucht es Respekt vor dem, was anders ist als man selbst."

R
E
S
P
E
K
T

Dr. Wiebke Ankersen ist seit 2016 Geschäftsführerin der gemeinnützigen deutsch-schwedischen AllBright Stiftung in Berlin, die sie gemeinsam mit ihrem Kollegen Christian Berg leitet. Die vom schwedischen Unternehmer Sven Hagströmer gegründete Stiftung setzt sich für mehr Frauen und Vielfalt in den Führungspositionen der Wirtschaft ein; gleiche Karrierechancen für Männer und Frauen und bessere Unternehmensresultate durch moderne, gemischte Führungsteams sind das Ziel. Der Weg in die Stiftung hat Wiebke Ankersen über Stationen bei verschiedenen schwedischen Organisationen in Deutschland geführt, zuletzt als Presseattachée an der schwedischen Botschaft in Berlin.

Welche Werte haben für Sie besondere Bedeutung und warum?

Respekt ist für mich heute wichtiger denn je. Für ein gelungenes Miteinander braucht es Respekt vor dem, was anders ist als man selbst. Es geht darum, dieses Andere auszuhalten, auch wenn es manchmal anstrengend ist. Es nicht nur zu tolerieren, sondern anzuerkennen: Es ist völlig in Ordnung, dass es anders ist, und es hat seine Berechtigung, so zu sein. Im besten Fall ist es ja bereichernd.

Ich beschäftige mich in meiner täglichen Arbeit viel mit dem Verhältnis von Männern und Frauen in Führungspositionen. Und ich bin überzeugt: Mehr selbstverständlicher Respekt, mehr Wertschätzung für das, was Frauen als Führungskräfte mitbringen, ist die Grundvoraussetzung dafür, dass wir einmal deutlich mehr Frauen in verantwortlichen Positionen sehen werden. Frauen sind keine Männer, biologisch nicht und auch nicht in ihrer Sozialisation. Sie wachsen anders auf, machen andere Erfahrungen und haben daher meist andere Sicht- und Verhaltensweisen als Männer. Es ist völlig in Ordnung, dass sie sind, wie sie sind. Und das muss respektiert und wertgeschätzt werden und nicht an männliche Verhaltensweisen angepasst, wie es heute leider meist in den Organisationen üblich ist.

Aber nicht nur Respekt, auch Verantwortung ist ganz zentral; und da meine ich vor allem Eigenverantwortung. Jeder sollte Verantwortung übernehmen für das, was um ihn herum ist. Dafür, die Dinge zum Besseren zu verändern. Den Wandel vernünftig und verantwortungsbewusst mitgestalten. Nicht davon ausgehen, dass andere das übernehmen, sondern überlegen, was man selbst tun kann. Und es dann tatsächlich tun – auch, wenn es manchmal schwierig ist, weil es vielleicht nicht dem Zeitgeist um einen herum entspricht.

Jeder sollte Verantwortung übernehmen für das, was um ihn herum ist.

Mit welchen Werten kann ein Unternehmen langfristig erfolgreich am Markt agieren? Bringt Wertschätzung auch Wertschöpfung?

Natürlich bringt Wertschätzung auch Wertschöpfung! Die Wertschätzung von unterschiedlichen, andersartigen Personen und Sichtweisen, die sich dann gegenseitig im Team inspirieren, befruchten und korrigieren, ist doch nicht nur eine Frage des Respekts. Wir wissen längst, dass es für die Unternehmen auch eine Frage der Profitabilität ist.

Solche gemischten Teams haben mehr Innovationskraft und Selbstkorrekturpotenzial, sie treffen am Ende die besseren Entscheidungen. Unternehmen mit gemischtem Topmanagement haben ja statistisch gesehen eine deutlich bessere Performance, wie beispielsweise das Peterson Institute, die Bank of America, die UBS-Bank oder die Credit Suisse in Studien dokumentiert haben.

Leider liegen die deutschen Unternehmen, was die Wertschätzung von Vielfalt im Topmanagement betrifft, im internationalen Vergleich noch weit zurück – da ist Deutschland ein richtiges Entwicklungsland.

Die Digitalisierung schreitet voran. Brauchen wir neue Werte in unserer neuen digitalen Welt, die gerade mit einer unglaublichen Schnelligkeit unser aller Leben verändert?

Ich glaube nicht, dass wir neue Werte brauchen. Eher eine Besinnung auf einige zentrale Grundwerte, wie die schon erwähnte Eigenverantwortung und den respektvollen Umgang mit dem Andersartigen. Die können in einer zunehmend unübersichtlichen Welt ein guter Kompass sein.

Die gesellschaftlichen Veränderungen und die zunehmende Vernetzung machen es heute ja fast unmöglich, sich nur in einem kleinen, vertrauten, überschaubaren Bereich zu bewegen – im Privaten wie auch im Arbeitsleben. Ständig wird man mit Menschen und Dingen konfrontiert, mit denen man früher nie in Berührung gekommen wäre. Viele reagieren reflexhaft mit Abgrenzung, Ausgrenzung, Abwertung. Aber nur in einer respektvollen Auseinandersetzung kann etwas Gutes für die Zukunft entstehen, dazu gehört natürlich auch erst einmal die Bereitschaft, sich auseinanderzusetzen und weiterzuentwickeln.

Werteerziehung gehört zu den großen Herausforderungen unserer Zeit. Mit welchen Wertvorstellungen gehen junge Menschen heute ins Leben, und sind diese Wertvorstellungen zukunftsfähig?

Ich habe drei Töchter in der Grundschule und auf dem Gymnasium, die prägen natürlich meine Perspektive auf die heranwachsende Generation. Und fordern meine persönliche Verantwortung in der Werteerziehung – ich versuche nach Kräften, ihnen vorzuleben und zu vermitteln, dass sie alles werden können, was sie wollen.

Heute trauen sich 76 Prozent der Frauen zwischen 15 und 24 weltweit eine führende Position in Wirtschaft oder Gesellschaft zu, zeigt eine aktuelle Studie von PLAN International. Da wächst eine selbstbewusste Generation von Frauen heran, die mitgestalten will.

Es liegt aber in der Verantwortung unserer Generation, die Strukturen und Verhältnisse so zu verändern, dass junge Mädchen tatsächlich einmal in gleichem Maße wie junge Männer verantwortliche Positionen übernehmen können – und da sind wir schon wieder bei der Verantwortung jedes Einzelnen, die Verhältnisse zu verbessern und aktiv an der Herstellung von Chancengleichheit mitzuwirken. Jeder kann dazu etwas beitragen.

Korruption, Ränkeschmiede, Vetternwirtschaft: ein Blick auf die globalisierte Welt stärkt nicht gerade das Vertrauen in funktionierende Wertesysteme. Wie können wir in unserer alles andere als perfekten Welt Werte erfolgreich leben?
Als Unternehmen gilt es natürlich, in allen Prozessen größtmögliche Transparenz zu schaffen und eine Kultur, die – für alle deutlich sichtbar – menschliche Reife und verantwortliches Handeln im Interesse von Mitarbeitern und

Unternehmen mehr honoriert als egozentriertes Machtstreben. Eine Kultur, die aufgrund von Leistung befördert und nicht aufgrund von Ähnlichkeit mit oder Nähe zu den Personen in den verantwortlichen Positionen. Dafür braucht es starke Vorbilder auf der Führungsebene und eine Führung, die partizipativ und weniger hierarchisch geprägt ist.

Die Zusammenarbeit in gut gemischten Teams kann übrigens auch in dieser Hinsicht positiv wirksam sein: Korpsgeist und Group Think haben es schwer in solchen heterogenen Gruppen. Etablierte, auch negative Prozesse und Strukturen werden dort eher in Frage gestellt als in homogenen Teams, in denen alle mehr oder weniger gleich – und möglicherweise eben auch gleich falsch – denken und handeln. Hinter dem Dieselskandal beispielsweise standen sehr homogene Managergruppen, in denen offenbar niemand mehr gefragt hat, ob man eigentlich noch das Richtige tut – entweder weil alle gleich gedacht haben oder weil kritisches Nachfragen nicht gewünscht war.

Wer in eine solche Umgebung gerät, tut gut daran, entweder das Weite zu suchen oder sich der Dynamik zu verweigern, und dafür braucht es wirklich ein stabiles Wertegerüst. Am Ende geht es um Respekt vor sich selbst, darum, sich am Morgen im Spiegel in die Augen sehen zu können. „Be the change that you wish to see", hat schon Ghandi gesagt. Nur so funktioniert es. Und das Tolle ist ja, dass eine solche Haltung ansteckend ist.

Welche Persönlichkeit des öffentlichen Lebens hat für Sie wirklich Vorbildfunktion und wenn ja, warum?
Astrid Lindgren, die schwedische Schriftstellerin, ist für mich so ein Vorbild. Eine großartige Frau – hellsichtig, klug, aufrecht und unglaublich stark.

Sie hat nicht nur mit herrlich anarchischen Figuren wie Pippi Langstrumpf und Karlsson vom Dach die Kinderbuchwelt revolutioniert. Sie hat auch im richtigen Leben konsequent Verantwortung übernommen – zum einen für sich selbst als alleinstehende Mutter in den vierziger Jahren. Und zum anderen hat sie ihre einflussreiche Stimme laut und engagiert eingesetzt für solche, die das nicht selbst können: Kinder und Tiere, und das bis ins hohe Alter. Denn, so Lindgren: „Es gibt Dinge, die man tun muss, sonst ist man kein Mensch, sondern nur ein Häuflein Dreck."

EHRLICH-KEIT, EINFACH-HEIT & NACH-HALTIGKEIT

DR. NOTKER WOLF OSB

„Wenn ich über Werte spreche, steht für mich die Ehrlichkeit an oberster Stelle. Dieser Wert findet sich übrigens auch in den zehn Geboten, die alles beinhalten, was für den Zusammenhalt einer Gesellschaft notwendig ist."

Dr. Notker Wolf OSB, Benediktinermönch, war 39 Jahre in Führungspositionen, 23 Jahre als Erzabt von St. Ottilien, 16 Jahre als oberster Repräsentant des Benediktinerordens. Als Abt hat er die Stärken und Schwächen der Menschen kennengelernt. Durch seine internationale Verantwortung musste er Menschen unterschiedlichster Kulturen zu einer Einheit zusammenführen. Für ihn ist die Vielfalt der Kulturen ein Reichtum der Menschheitsfamilie.

Welche Werte haben für Sie besondere Bedeutung und warum?

Wenn ich über Werte spreche, steht für mich die Ehrlichkeit an oberster Stelle. Dieser Wert findet sich übrigens auch in den zehn Geboten, die alles beinhalten, was für den Zusammenhalt einer Gesellschaft notwendig ist. Die Gebote sind grundmenschliche Einsichten, die der jungen israelitischen Gesellschaft zum Halt und für ihre Orientierung gegeben wurden. Wir brauchen diesen Halt heute genauso. Nicht lügen, nicht stehlen, nicht neidisch sein, all das trägt zum Funktionieren einer Gesellschaft bei.

Ein hoher Wert ist zudem die Einfachheit. Darunter verstehe ich auch kurze Dienstwege oder den Einsatz des Kopfes, bevor ich zu komplizierten computerunterstützen Maßnahmen greife, um simple Rechenaufgaben zu erledigen oder meinen Terminkalender zu verwalten.

Sehr wichtig ist die Nachhaltigkeit, denn bei unserem Handeln sollten wir immer die Konsequenzen im Auge behalten. Nachhaltigkeit und Eigenverantwortung gehen für mich dabei Hand in Hand. Viel zu oft verstecken wir uns hinter Regeln und Gesetzen, anstatt zu überlegen, was wir verantworten können und welche Risiken wir zu tragen bereit sind.

Und letzten Endes muss unser Denken und Handeln vor allem menschlich bleiben. Die direkte Kommunikation von Mensch zu Mensch ist aus meiner Sicht noch immer der beste Weg, um miteinander in Kontakt zu treten und zu bleiben. Ich habe Menschen kennengelernt, die unendlich viele E-Mails geschrieben haben. In der Regel waren das die Rechthaber, die sich im Nachhinein auf diese Mails beziehen möchten und dafür auch gerne ihren Rechtsanwalt ins Spiel bringen.

Das leitet über zu einem weiteren wichtigen Wert: dem Vertrauen. Wir leben in einer Welt, in der wir mit dem Verlust des Vertrauens in Gott auch das Vertrauen in den Menschen verloren haben. Das ist ein Grundübel unserer Gesellschaft. Wir schieben alle Verantwortung ab und berufen uns nur noch auf Gesetze und Verträge. Das zeigt sich auch daran, dass der traditionelle Handschlag des Ehrbaren Kaufmanns, bei dem zwei Menschen für etwas geradestehen, inzwischen aus der Mode gekommen ist. Leider, denn so sollten Geschäfte gemacht werden.

Mit welchen Werten kann ein Unternehmen langfristig erfolgreich am Markt agieren? Bringt Wertschätzung auch Wertschöpfung?

Achtung und Respekt vor dem anderen halte ich für sehr wichtig.

Achtung und Respekt vor dem anderen halte ich für sehr wichtig. Der heilige Benedikt sagte bereits im 6. Jahrhundert, der Abt soll wissen, welch schwierige Aufgabe er übernommen hat, Menschen zu führen und den Eigenarten vieler zu dienen. Auch ein Unternehmen hat es nicht einfach mit „Humankapital" zu tun, sondern mit Menschen, die sehr unterschiedlich sind und auf deren Bedürfnisse und Qualitäten eingegangen werden sollte. Jeder ist ein Teil des Ganzen und sollte gehört werden.

Benedikt schreibt dazu direkt im Anschluss an das Kapitel über den Abt: Bei allen wichtigen Fragen soll der Abt die ganze Gemeinschaft zusammenrufen und sich mit ihnen beraten. Und Benedikt hat bewusst „alle" geschrieben, weil Gott oft den Jüngeren eingibt, welcher Weg der bessere ist.

Doch wenn wir uns in Unternehmen umschauen, stellt sich die Frage, wer will hier überhaupt Beratung und wer hat den Mut, seine Meinung auch gegen

Widerstände zu vertreten. Immer wieder hört man von Führungskräften, „ich mache das allein", oder „ich weiß es besser". Und dann wundern wir uns zur gleichen Zeit, wenn Unternehmen scheitern. Wer Rat annehmen kann, ist souverän, kritikfähig und vertraut in andere Menschen. Leider fließt noch immer viel Kraft in Grabenkämpfe und Kompetenzgerangel.

Eine Gesellschaft braucht, ebenso wie ein Unternehmen, Menschen mit Zivilcourage. Im Mittelalter waren viele Fürsten souverän genug, sich einen Hofnarren zu halten, der die Aufgabe hatte, die Wahrheit zu sagen und ihnen den Spiegel vorzuhalten, ohne dafür bestraft zu werden. Das täte manchem Unternehmenschef heutzutage auch gut.

Die Digitalisierung schreitet voran. Brauchen wir neue Werte in unserer neuen digitalen Welt, die gerade mit einer unglaublichen Schnelligkeit unser aller Leben verändert?

Die Digitalisierung erleichtert uns auf der einen Seite das Leben. Doch auf der anderen Seite erhöht diese Flut an Informationen, die in unglaublicher Schnelligkeit überall auf dem Globus zur Verfügung stehen, auch den Druck auf jeden einzelnen.

Ich habe nur ein Smartphone, und selbst hier werde ich mit Informationen überhäuft. Das Entscheidende ist auch hier wieder die Einfachheit.

Wir müssen souverän entscheiden, was wir an Informationen brauchen und was nicht. Die Digitalisierung sollte uns das Leben vor allem erleichtern und es nicht noch komplizierter machen. Als Nutzer sollte ich die Medien beherrschen und nicht umgekehrt. Das gilt vor allem für Kinder, denen der Umgang mit den neuen Medien verantwortungsbewusst nahegebracht werden sollte.

Und eines sollten wir nie aus den Augen verlieren: Keine Technik der Welt kann den menschlichen Austausch ersetzen.

Werteerziehung gehört zu den großen Herausforderungen unserer Zeit. Mit welchen Wertvorstellungen gehen junge Menschen heute ins Leben, und sind diese Wertvorstellungen zukunftsfähig?

Kinder brauchen Menschen, die sich Zeit für sie nehmen, eine gute Familie, in der sie sich geborgen fühlen, und Vorbilder, die Werte nicht nur proklamieren, sondern auch leben. Das ist die Grundlage. Ich halte es zudem für sehr wichtig, sich für die Fragen der Kinder Zeit zu nehmen und mit ihnen zu diskutieren, ohne bereits fertige Antworten parat zu haben. Die Zeit geht weiter, und wir Älteren sollten so offen sein, auch andere Meinungen zu akzeptieren.

Neben der Familie sollten in den Schulen Werte plausibilisiert werden. Für mich bedeutet Schule nicht nur Wissens-, sondern auch Wertevermittlung. Doch gerade in Anbetracht der in vielen Bundesländern verkürzten Schulzeit liegt der Fokus leider oft klar auf der Wissensvermittlung.

Gerade Ethik, Philosophie oder Religion gelten in Deutschland eher als „Nebenfächer". Das ist schade, denn allein ein Blick auf die griechischen Philosophen zeigt, dass hier bereits die grundmenschlichen Probleme exemplarisch behandelt wurden. Es ist wichtig, junge Menschen an diese Klassiker heranzuführen. Mit Naturwissenschaften alleine kommen wir nicht auf ein Bildungsniveau, das wirklich alle Lebensbereiche abdeckt und jungen Menschen nachher im Berufsalltag ein gutes Fundament bietet. Herzensbildung und Wissensbildung sollten Hand in Hand gehen, sonst haben wir nachher genau die seelischen Krüppel, die schlecht mit anderen umgehen und dadurch großen Schaden anrichten.

Besonders wichtig ist mir, dass Menschen jeden Alters sich immer wieder bewusst machen, dass Selbstlosigkeit kein Verlust ist. Im Evangelium heißt es: Wer sich sucht, wird sich verlieren. Wer sich um meinetwillen verliert, wird das Hundertfältige bekommen, also seine Seele gewinnen. Das ist natürlich auf den ersten Blick ein Paradoxon: Je mehr ich hergebe, desto mehr gewinne ich. Aber genauso ist es. Oft spreche ich mit Bürgermeistern, die in der Regel noch einen engeren Kontakt zu den Bürgern haben. Dann höre ich immer wieder, man muss die Menschen mögen, dann mögen sie einen auch. Mir geht es genauso. Wahre Menschenliebe öffnet einem viele Herzen. Wenn wir das der jungen Generation vermitteln können, sind wir schon einen großen Schritt weiter.

DR. NOTKER WOLF OSB

Korruption, Ränkeschmiede, Vetternwirtschaft: ein Blick auf die globalisierte Welt stärkt nicht gerade das Vertrauen in funktionierende Wertesysteme. Wie können wir in unserer alles andere als perfekten Welt Werte erfolgreich leben?
Korruption und Betrug schaden einer Wirtschaft, und leider ist das auch hierzulande ein Thema. Wahrscheinlich macht die Gelegenheit zum Dieb, wie man so schön sagt. Dennoch ist das eine Entwicklung nach unten, die niemand von uns gutheißen kann.

Früher kam das Topmanagement oft aus Familienunternehmen. Die Chefs dieser Häuser wurden als eine Art Überväter erlebt, die jedoch nicht nur die Zahlen, sondern auch das Wohl ihrer Mitarbeiter und die Entwicklung der Region im Auge hatten.

Heute hat die Bevölkerung das Vertrauen in die Wirtschaftsführer bis zu einem gewissen Grade verloren, weil in den oberen Etagen eben gelogen und betrogen wird. Und was das Schlimmste ist, selbst wenn sie schwerwiegende Fehler machen, kassieren sie noch Millionen. Das hat nichts mit Verantwortung und Gerechtigkeit zu tun.

Egoismus bringt die Gesellschaft nicht voran. Wir leben in einer Zeit, in der alles dem Individuum untergeordnet wird. Doch auch das scheint eine Sackgasse zu sein. Xi Jinping, Staatspräsident der Volksrepublik China, setzt auf Staatslenkung und absolute Kontrolle, weil aus seiner Sicht das westliche Modell versagt hat.

Sicherlich kommt diese Entwicklung auch zum Teil von der negativen Erfahrung im Umgang mit unserer freiheitlichen Demokratie. Missbrauch von Freiheit hat zu Mistrauen geführt. Doch sich einem menschenverachtenden System zuzuwenden, ist auch keine Lösung. Wir müssen an der Freiheit festhalten und den Menschen zur Eigenverantwortung erziehen. Freiheit heißt eben nicht, dass ich tun und lassen kann, was ich will, sondern Freiheit braucht Orientierung. Ich vergleiche die Freiheit gerne mit Wasser auf freier Ebene. Es muss gefasst werden, wie bei einer Quelle oder einem Fluss, sonst entwickelt es zerstörerische Kräfte. Platon hat die Freiheit und unsere Emotionen mit schäumenden Rössern verglichen. Wir brauchen sie, sonst würde der Karren sich nicht in Bewegung setzen. Aber es braucht den Verstand, also den Wagenlenker, der die Rosse in die richtige Richtung lenkt.

Im übertragenen Sinne gilt das auch für Unternehmenslenker. Ein Unternehmer braucht ständige Selbstreflexion und Selbstbeherrschung. Es besteht immer die Gefahr, dass wir über einen längeren Zeitraum hinweg bequem werden und dann lassen wir alles laufen. Der Psychologe Alexander Mitscherlich (1908 – 1982) hat dies als die tägliche Ich-Anstrengung bezeichnet, die ein Mensch braucht, um sich zu verwirklichen.

Welche Persönlichkeit des öffentlichen Lebens hat für Sie wirklich Vorbildfunktion und wenn ja, warum?

Hier möchte ich den ersten Bundeskanzler der Bundesrepublik Deutschland nennen, Konrad Adenauer. Er hat mir mit seiner Souveränität sehr gut gefallen. Man denke nur an den Spruch: „Nehmen sie die Leute so, wie sie sind, es gibt keine anderen." Dieser Realismus hat mich immer beeindruckt.

Eine weitere Persönlichkeit, die ich hier nennen möchte, ist Papst Franziskus. Er hat einen Paradigmenwechsel in der katholischen Kirche vollzogen und fordert absolute Ehrlichkeit. Papst Franziskus orientiert sich zudem ausschließlich am Evangelium, also am Wort und der Botschaft des barmherzigen Gottes. Damit eckt er bei vielen an.

Menschen, die so für ihre Überzeugung eintreten, verdienen unseren Respekt. In unserem Kloster gab es einmal einen Prior, also den zweiten Mann nach dem Abt, der zugleich mein Mentor war. Dieser Prior war nicht aus der Ruhe zu bringen. Als ich ihn mit Anfang 80 aus seinem Amt befreite, habe ich ihn gefragt, wie er es ausgehalten hat, immer der zweite Mann zu sein. Er antwortete: „Ach, ich habe immer die anderen und nie mich selbst geärgert, das erhält gesünder." Viele haben diesen Ausspruch als unchristlich fehlinterpretiert und nicht verstanden, welche Gelassenheit dahintersteckt.

Ein weiterer wichtiger Satz von ihm war: „Nehmen sie nichts ernst in diesem Leben, vor allem sich selber nicht." Doch das können die wenigsten, weil sie so mit sich beschäftigt sind und immer gut dastehen möchten. Der schönste Humor ist doch der, bei dem man über sich selbst lachen kann. Das sollten wir nie aus den Augen verlieren. Dann besinnen wir uns vielleicht auch wieder öfter auf die Werte, auf die es im Leben ankommt und rennen keinen falschen Idealen hinterher.

FREIHEIT
& EIGEN
VERANT
WORTUNG

PROF. DR. CHRISTOF HETTICH

„Freiheit ist für mich ein sehr wichtiger Wert,
denn ohne Freiheit kann es keine Eigenverantwortung geben und diese halte ich für
sehr wichtig."

Christof Hettich ist seit Februar 2015 Vorstandsvorsitzender der SRH Holding, nachdem er über viele Jahre Mitglied des Aufsichtsrats war. Er hat Rechts- und Politikwissenschaften in Freiburg, Würzburg und Mannheim studiert. Der promovierte Rechtsanwalt ist zudem Senior Partner bei Rittershaus Rechtsanwälte (Mannheim, Frankfurt, München) mit Schwerpunkten Strukturierung, Restrukturierung und Finanzierung von Unternehmen in Zukunftsbranchen (Healthcare, IT, Bildung). Gemeinsam mit Dietmar Hopp und Friedrich von Bohlen hat er die größte deutsche Beteiligungsgesellschaft für LifeSciences, Healthcare und Gesundheits-IT, die dievini Hopp BioTech Holding & Co. KG, gegründet. Als Aufsichtsratsvorsitzender engagiert sich Prof. Hettich in mehreren, vielfach börsennotierten Unternehmen der genannten Branchen.

Welche Werte haben für Sie besondere Bedeutung und warum?

Ich habe Jura und Politikwissenschaften studiert, weil ich eigentlich in die Politik gehen wollte. Vor allem das Verfassungsrecht hat mich sehr interessiert. Daher möchte ich an erster Stelle die Freiheit nennen. Freiheit ist für mich ein sehr wichtiger Wert, denn ohne Freiheit kann es keine Eigenverantwortung geben und diese halte ich für sehr wichtig. Einen hohen Wert sehe ich zudem in der Solidarität, denn Freiheit bedeutet nicht nur Verantwortung für sich selbst, sondern auch für andere.

Vor diesem Hintergrund mag es nicht erstaunen, dass ich ein Freund des Europäischen Gedankens bin. Ein Kontinent, der Jahrhunderte lang Konflikte und unruhige Zeiten erlebte, hat es geschafft, sich in den vergangenen Jahren seit 1945 zu befrieden und eine Gemeinschaft entstehen zu lassen, deren Handeln über das gemeinsame Wirtschaften weit hinausgeht. Das zu erhalten und sich des friedenssichernden Wertes dieser Europäischen Gemeinschaft bewusst zu machen, ist leider wieder dringend geworden.

Hier sehe ich erneut die Verbindung zum Thema Eigenverantwortung. Wenn ich mich als Teil des Ganzen verstehe und sehe, dass ich erst einmal für mich gerade stehen und Verantwortung übernehmen muss, bevor ich dies für andere tun kann, ist schon viel gewonnen. Ein gutes Beispiel hierfür sind die Anweisungen des Bordpersonals vor dem Abflug. „Im Notfall ziehen sie sich die

Sauerstoffmaske über, bevor sie Kindern oder anderen Passagieren helfen." Mit anderen Worten: Ich kann anderen nur helfen, wenn ich vorher die persönlichen Voraussetzungen geschaffen habe. Das ist unabdingbar.

Mit welchen Werten kann ein Unternehmen langfristig erfolgreich am Markt agieren? Bringt Wertschätzung auch Wertschöpfung?
Ich weiß nicht, ob Wertschätzung allein schon Wertschöpfung bringt. Ich weiß aber, dass es Wertschöpfung kostet, wo Wertschätzung fehlt. Daher sind für mich auch im beruflichen Umfeld Freiheit und Eigenverantwortung die wichtigsten Werte. In einem Unternehmen brauche ich die Eigeninitiative von Mitarbeitern, die sich Gedanken darüber machen, wie sie sich in ihrem Umfeld am besten einbringen können und nicht nur reine Befehlsempfänger sind. Das bedingt allerdings auch Integrität und Loyalität, denn Freiheit kann schnell ausgenutzt werden.

Wir müssen aufpassen, dass sich Wertschätzung nicht in einem freundlichen, aufmerksamen Umgang miteinander erschöpft. Bei dem Thema Wertschätzung geht es vor allem auch um die Anerkennung von Leistung. Menschen möchten etwas Sinnvolles tun und den Wert ihrer Arbeit für sich und das Unternehmen erkennen. Das ist immer stärker zu spüren. Sinn und Wert gehören zusammen.

Sinn und Wert gehören zusammen.

Die Digitalisierung schreitet voran. Brauchen wir neue Werte in unserer neuen digitalen Welt, die gerade mit einer unglaublichen Schnelligkeit unser aller Leben verändert?
Wenn ich von Digitalisierung spreche, meine ich zum einen die technische Komponente, also das Nutzen von Daten und Maschinen. Hier spielt auch die ethische Frage eine Rolle, was es für die Menschen bedeutet, deren Arbeit durch Maschinen ersetzt wird.

Ein weiterer Aspekt betrifft die Schnittstelle von Digitalisierung und Kommunikation. Wenn ich immer anonymer mit meinem Umfeld umgehe, kommt es eben leider bei manchen Nutzern zu einer vollkommen enthemmten Kommunikation. Und wenn ich dem anderen nicht mehr ins Gesicht schauen muss, während ich ihn beleidige, geht viel Selbstreflexion verloren. Hier sollte dringend angesetzt werden: Raus aus Echoräumen der Sozialen Medien, rein in ein Umfeld, das mich immer wieder zu Selbstreflexion zwingt.

Sich selbst und seine Meinung immer wieder zu hinterfragen, ist ein wichtiger Entwicklungsschritt. Im Internet ist es sehr leicht, „Gefolgsleute" zu finden und auf Meinungen zu treffen, welche den eigenen entsprechen – und diese Einzelmeinungen als gefühlte Mehrheit anzusehen. In großen Konzernen ist es ähnlich. Je höher man in der Hierarchie steigt, desto verführerischer ist der Zuspruch; offene Kritik kommt weniger zur Sprache, verdeckte schon.

Diese Schwierigkeit wird im Zuge der Digitalisierung verstärkt. Die Gesellschaft hat bisher noch nicht wirklich gelernt, damit umzugehen. Wir müssen aufpassen, uns in der digitalen Welt nicht selbst zu verlieren. Es ist wichtig, dass wir offen bleiben für die Vielschichtigkeit des Lebens. Der Wert der Selbstreflexion erhält im digitalen Zeitalter daher noch einmal eine viel größere Bedeutung.

Werteerziehung gehört zu den großen Herausforderungen unserer Zeit. Mit welchen Wertvorstellungen gehen junge Menschen heute ins Leben und sind diese Wertvorstellungen zukunftsfähig?

Ich halte es mit Karl Valentin, der über Kindererziehung gesagt hat: „Erziehung nützt nichts, sie machen eh alles nach". Das hört sich banal an, aber dieser Ausspruch bringt es im Grunde auf den Punkt.

Gerne erinnere ich mich in diesem Zusammenhang an ein Erlebnis vor einigen Jahren, das zeigt, wie Kinder uns unser Verhalten spiegeln. Meine Tochter war ungefähr vier Jahre alt, und wir saßen alle am Frühstückstisch. Plötzlich nahm das Kind, welches noch nicht lesen konnte, eine Zeitung und hielt sie vor sich. Sie versteckte sich sozusagen dahinter. Beschämt schaute ich auf die Zeitung in meinen Händen und legte sie beiseite. Sie hatte mir unabsichtlich den Spiegel vorgehalten.

Wir können noch so viel über Werte reden, wichtiger ist es, sie zu leben. Wir sind alle Vorbilder und sollten entsprechend handeln. Deshalb ist es so wichtig, dass wir Erwachsene uns klar machen, für welche Werte wir stehen.

Korruption, Ränkeschmiede, Vetternwirtschaft: ein Blick auf die globalisierte Welt stärkt nicht gerade das Vertrauen in funktionierende Wertesysteme. Wie können wir in unserer alles andere als perfekten Welt Werte erfolgreich leben?

Jedes Umfeld hat durch soziale, ökonomische oder politische Einflüsse bedingte Schwächen. Schwierig ist es, wenn diese Schwächen nicht mehr wahrgenommen werden. Deshalb heißt es wachsam sein. Eine Gesellschaft darf sich darüber streiten, was erlaubt ist und was nicht. Aber wenig sinnvoll ist es, sich aus welchen Gründen auch immer anderen überlegen zu fühlen oder das berühmte „früher war alles besser" ins Feld zu führen.

Es gibt nicht den einen Maßstab, an dem alle gemessen werden können. Aber wichtig ist es, selbstkritisch zu bleiben und zu akzeptieren, dass die Gepflogenheiten in einem anderen Land oder anderem Umfeld unterschiedlich sein können. Wenn in einem Land ökonomische Schwächen vorliegen oder Menschen in deutlich schlechteren Verhältnissen leben als wir, sollten wir uns nicht überlegen fühlen. Jemand sieht erst dann klein aus, wenn man auf ihn herunterschaut.

Das heißt nicht, dass ich alles gutheiße. Im Gegenteil. Es gibt Verhaltensweisen, die absolut nicht akzeptabel sind, weil sie meinem Wertekanon und dem Wertekanon unseres Unternehmens nicht entsprechen. In unserem Unternehmen habe ich es allerdings verhältnismäßig leicht, weil wir uns mit Bildung und Gesundheit beschäftigen. Beide sind sehr ethische Bereiche, in denen es immer um Leistung für Menschen geht. Für meine Mitarbeiter spielen Werte daher sowieso eine große Rolle.

Bei all den Diskussionen um Werte und Verantwortung dürfen wir eines nicht aus den Augen verlieren: In einem wohlhabenden Land mit vollen Regalen ist es einfacher, moralisch zu handeln, als in einem Land, in dem Mangel herrscht und die Menschen täglich ums Überleben kämpfen. Korruption hat immer etwas mit Verführung zu tun. Und Verführung gelingt leichter, wenn es keine geordneten Verhältnisse gibt.

Es ist wichtig, dass wir die Verantwortung auch für andere Regionen der Welt erkennen. Warum das so ist, belegt nicht zuletzt die hohe Zahl an Flüchtlingen, die nach Europa strömen. Dieses Problem lässt sich weder durch Grenzzäune noch Mauern lösen. Seit der Konferenz der Vereinten Nationen über nachhaltige Entwicklung in Rio de Janeiro im Jahr 2012 ist sich ein wesentlicher Teil der Experten einig, dass je ein Grad Erderwärmung 100 000 zusätzliche Flüchtlinge bedeutet, weil diese Menschen einfach keine Möglichkeit mehr haben, in ihren Regionen zu überleben. Das sind Themen, mit denen wir uns in einer globalisierten Welt dringend auseinandersetzen müssen.

Welche Persönlichkeit des öffentlichen Lebens hat für Sie wirklich Vorbildfunktion und wenn ja, warum?
Hier möchte ich drei Menschen nennen, die für mich Vorbildfunktion haben, auch wenn kein Mensch fehlerfrei ist und sich der Vorbildcharakter vielleicht nur in bestimmten Handlungen zeigt.

Als absolut vorbildhaft sehe ich den Unternehmer Dietmar Hopp, weil er zeigt, dass ein sehr erfolgreicher, ökonomisch handelnder Mensch zugleich auch soziale Verantwortung übernimmt. Beides schließt sich keineswegs aus.

Zweitens möchte ich Angela Merkel nennen. Es gibt viele Dinge, bei denen ich nicht mir ihrer Politik konform gehe, aber in einer so schwierigen Situation wie der Flüchtlingskrise auch die dringende menschliche Seite des Problems zu sehen, davor habe ich großen Respekt. Obwohl sie befürchten musste, dass die kurzfristige Öffnung der Grenzen für sie später innerparteilich Konsequenzen haben könnte, hat sie ihrer Überzeugung entsprechend gehandelt und keine Konflikte gescheut.

Als Dritten möchte ich den emeritierten Papst Benedikt XVI. nennen, auch wenn ich kein großer Freund von Kirchenorganisationen bin. Ich fand es vorbildhaft, dass er entgegen aller Traditionen den Mut gefunden hat, abzudanken, als er feststellte, dass er nicht mehr die Kraft hatte, um die notwendigen Reformen in der Kirchenorganisation einzuleiten. Das ist aus meiner Sicht verantwortliches Handeln.

Den Blick auf das zu richten, was gelingt, ist in jedem Fall ein guter Ansatz. Insgesamt halte ich es für sehr wichtig, sich darüber Gedanken zu machen, was eine Gesellschaft zusammenhält und nicht nur Kritik an ihren Kritikern zu üben. Gerade in unserer Zeit, in der die AfD und andere radikale Gruppen zu großen Zulauf erhalten, ist dies ein entscheidender Ansatzpunkt. Wir haben so starke zentrifugale Kräfte, die auf unsere freiheitlich demokratische Gesellschaft einwirken, dass wir ein starkes Gravitationszentrum in der Mitte brauchen. Nur so können wir gegen die ganzen Tiefausläufer steuern, die uns derzeit heimsuchen. ▬

VER TRAUEN & VER ANTWOR TUNG

MAŠA SCHMIDT

„Eine Vielzahl an Werten ist für mich wichtig, aber ich möchte hier dennoch zwei besonders hervorheben: Vertrauen und Verantwortung."

Maša Schmidt verantwortet bei Microsoft Deutschland den Bereich Modern Workplace Customer Success für die Branchen Retail, Professional Services, Automotive und Finance und berichtet in ihrer Rolle an die Geschäftsleitung von Microsoft Deutschland. Mit ihrem Team unterstützt sie Unternehmen bei dem Einsatz der Technologien und damit einhergehend dem Change Management rund um den modernen Arbeitsplatz. In dem Zusammenhang beschäftigt sie sich als jüngste Führungskraft von Microsoft Deutschland stark mit dem Thema „Führung im digitalen Zeitalter". Maša Schmidt ist seit 2013 bei Microsoft und war vor der jetzigen Rolle Team Lead für Business Applications. Darüber hinaus leitet sie Women@Microsoft in Deutschland. Sie setzt sich damit für mehr Inklusion und besonders für eine Chancengleichheit bei Frauen und Männer im Beruf ein. Maša Schmidt wurde 2019 mit dem Deutschen Exzellenzpreis als Managerin des Jahres ausgezeichnet.

Welche Werte haben für Sie besondere Bedeutung und warum?

Eine Vielzahl an Werten ist für mich wichtig, aber ich möchte hier dennoch zwei besonders hervorheben: Vertrauen und Verantwortung.

Ohne Vertrauen funktioniert das menschliche Miteinander nicht. Vertrauen ist die Grundlage für eine gute Zusammenarbeit und für Transformation. Gerade in Zeiten mit tiefgreifenden Veränderungen ist es wichtig, offen miteinander umzugehen; das bedeutet auch, sich kritisches Feedback geben zu können, den Status quo immer wieder zu hinterfragen und so gemeinsam den Wandel zu gestalten. Vertrauen kommt nicht von allein, es entwickelt sich und muss immer wieder neu errungen werden. Das gilt nicht nur für das Vertrauen anderen gegenüber, sondern auch für das Vertrauen in sich selbst. Vertrauen darin, dass man Neues erlernen kann, dass man sich selbst verändern kann. Carol Dweck fasst diese Einstellung unter dem Begriff „Growth Mindset" in ihrem Buch „Selbstbild" schön zusammen. Diese Veränderung muss aber aktiv mitgestaltet werden – deshalb ist Verantwortung übernehmen so wichtig.

Meinen Drang, Verantwortung zu übernehmen, habe ich sehr früh gespürt. Als ich fünf Jahre alt war, verließen meine Eltern mit nur zwei Koffern und viel Mut ihre Heimat Jugoslawien, um sich in Deutschland eine neue Existenz aufzubauen. Sie gaben viel auf, um mir eine gute Zukunft mit Perspektive zu ermöglichen. Diese Erfahrung hat meinen Sinn für Verantwortung – nicht nur für mein Leben, sondern auch für die Gesellschaft – stark geprägt.

Mit welchen Werten kann ein Unternehmen langfristig erfolgreich am Markt agieren? Bringt Wertschätzung auch Wertschöpfung?

Wertschätzung ist für mich ein Katalysator für Wertschöpfung. Wer andere wertschätzt, handelt empathisch und fördert die Weiterentwicklung seiner Mitarbeiterinnen und Mitarbeiter. Viel zu oft beobachte ich in Unternehmen, dass hochqualifizierte Mitarbeiterinnen und Mitarbeiter eingestellt werden, aber ihnen dann diktiert wird, wie sie ihren Job zu machen haben. Dieses fehlende Vertrauen führt dazu, dass die Mitarbeiterinnen und Mitarbeiter die Verantwortung abgeben. Und das ist schädlich für die Entwicklung und damit auch die Wertschöpfung des Unternehmens. Wenn Menschen keine Verantwortung übernehmen, wird auch die eigene Meinung zurückgehalten, und es gibt in der Regel keine kritische Auseinandersetzung. Dadurch wird es schwer, Innovationen voranzutreiben. Vor diesem Hintergrund ist für mich Wertschätzung ganz entscheidend für den unternehmerischen Erfolg.

> **Wertschätzung ist für mich ein Katalysator für Wertschöpfung.**

Die Digitalisierung schreitet voran. Brauchen wir neue Werte in unserer neuen digitalen Welt, die gerade mit einer unglaublichen Schnelligkeit unser aller Leben verändert?

Ich glaube nicht, dass wir neue Werte brauchen – es geht eher darum, sich auf Werte zu besinnen, die uns in einer Zeit, in der sich sehr schnell sehr viel verändert, helfen können. Achtsamkeit, also den Moment ohne Wertung bewusst zu erleben und auf sich zu hören, ist dabei sehr wichtig. Man baut durch diese Haltung einen starken Geist auf, was sich in stressigen und unruhigen Zeiten positiv auf alle auswirkt.

Unternehmen sollten ihren Mitarbeiterinnen und Mitarbeitern verstärkt Angebote zum Thema „Mindfulness" und mentale Gesundheit machen. Dazu gehört, die Mitarbeiterinnen und Mitarbeiter erst einmal für das Thema zu sensibilisieren und ihnen dann auch konkrete Hilfestellungen anzubieten. Wir alle müssen lernen, in dieser temporeichen Welt unsere persönlichen Grenzen zu erkennen und unsere Resilienz stärken. Gerade in Zeiten des Umbruchs ist es wichtig, psychische Widerstandsfähigkeit zu entwickeln. Das wird eine der Kernkompetenzen der Zukunft sein. Führungskräfte können hier viel bewegen, wenn sie sich dem Thema in ihrem Unternehmen wirklich annehmen. Glücklicherweise beobachte ich in Deutschland gerade einen Wandel in diese Richtung. Viele Managerinnen und Manager haben erkannt, dass sie mit dem Führungsstil der Vergangenheit in der heutigen Zeit nicht mehr wettbewerbsfähig sind.

Daher ist für mich Offenheit der zweite sehr wichtige Wert in unserer Zeit. Auch und gerade, wenn man bereits viele Jahre in einer Führungsposition ist, sollte man offen für Veränderungen bleiben und bereit sein, Impulse von außen aufzunehmen. Offenheit gegenüber neuen Technologien, der Veränderung der eigenen Kompetenzen oder auch anderen Kulturen gegenüber.

Wenn wir dem Neuen mit einem positiven Narrativ begegnen und statt der Herausforderungen mehr die Chancen sehen, wird Diversität zugelassen. Dadurch erreichen wir einen höheren Grad an Innovation und Produktivität.

> ## Unternehmen müssen sich heute viel häufiger damit auseinandersetzen, wie sie der Arbeit eine gesellschaftliche Bedeutung verleihen.

Werteerziehung gehört zu den großen Herausforderungen unserer Zeit. Mit welchen Wertvorstellungen gehen junge Menschen heute ins Leben und sind diese Wertvorstellungen zukunftsfähig?

Ich beobachte bei jungen Menschen einen Drang nach Veränderung, allen voran die Bestrebung, mitzugestalten, die sich zum Beispiel an der Bewegung „Fridays for Future" zeigt oder auch die Frage nach der Sinnhaftigkeit des eigenen Handelns. Unternehmen müssen sich heute viel häufiger damit auseinandersetzen, wie sie der Arbeit eine gesellschaftliche Bedeutung verleihen. Das sehe ich auch bei uns im Unternehmen. Junge Menschen möchten Verantwortung übernehmen und mitgestalten – jedoch muss dabei die Frage nach dem Sinn beantwortet sein.

Zudem beobachte ich, dass die Generation, die gerade in den Berufsalltag einsteigt, weniger Respekt vor Traditionen hat. Genau das brauchen wir, um am Status quo überhaupt rütteln zu können und Transformation und Innovation voranzutreiben. Während Hierarchie früher in Unternehmen selbstverständlich war, werden Führungskräfte und ihre Entscheidungen heute ganz anders von den Mitarbeiterinnen und Mitarbeitern auf den Prüfstand gestellt. Es ist anstrengender, immer wieder hinterfragt zu werden, ich glaube aber, dass uns das letztlich auch zu besseren Führungskräften macht. Mitarbeiterinnen und Mitarbeiter müssen nicht mit jeder Maßnahme konform gehen, aber die Frage nach dem Warum und ihre Erläuterung sind heutzutage sehr wichtig.

Korruption, Ränkeschmiede, Vetternwirtschaft: ein Blick auf die globalisierte Welt stärkt nicht gerade das Vertrauen in funktionierende Wertesysteme. Wie können wir in unserer alles andere als perfekten Welt Werte erfolgreich leben?

Es fängt mit der Integrität jedes einzelnen an. Simone Menne, die von 2012 bis 2016 als erste Frau im Vorstand der Lufthansa saß, hat einmal zwei Regeln genannt, die für Aufsichtsräte sehr wichtig sind: „Sie fragen sich selber, möchte ich es meiner Mutter erzählen, oder möchte ich es morgen in der Zeitung lesen, und wenn es so ist, dass Sie beides nicht wollen, dann machen Sie was falsch". Das bringt es auf den Punkt. Jeder Mensch ist doch im Grunde sein eigener Aufsichtsrat und muss für sein Handeln Verantwortung übernehmen.

> Jeder Mensch ist doch im Grunde sein eigener Aufsichtsrat und muss für sein Handeln Verantwortung übernehmen.

Sehr wichtig ist es, das Konzept des auf Verletzlichkeit basierenden Vertrauens zu fördern. Konkret bedeutet das, dass Führungskräfte in Unternehmen eine Atmosphäre schaffen, in der sich Mitarbeiterinnen und Mitarbeiter bestärkt fühlen, auf Missstände hinzuweisen. Integrität vor Loyalität halte ich für sehr wichtig. Eine Mitarbeiterin bzw. ein Mitarbeiter handelt integer, wenn sie bzw. er spürt, dass das im Unternehmen wertgeschätzt und gefördert wird.

Das Handeln der Führungskräfte wird täglich bewertet und mit dem Leitbild des Unternehmens abgeglichen. Nur wenn beides miteinander übereinstimmt, wirkt die Führungskraft authentisch.

Welche Persönlichkeit des öffentlichen Lebens hat für Sie wirklich Vorbildfunktion und wenn ja, warum?

Für mich ist der CEO von Microsoft, Satya Nadella, ein Vorbild, weil er Werte wie Integrität, Empathie, aber auch Mut und Nachhaltigkeit sehr stark verkörpert. Er sagt, was er tut, und er tut, was er sagt. Als er im Jahr 2014 seine Position antrat, hat er sofort einen starken Fokus auf das Thema Kultur im Unternehmen gesetzt und den Menschen in den Mittelpunkt gestellt. So hat er es geschafft, bei Microsoft einen Kulturwandel anzustoßen: Von den wenig miteinander arbeitenden Abteilungen hin zu einem gut funktionierenden Eco-System, wo Informationen geteilt und Synergien zwischen den Organisationen genutzt werden.

Beeindruckend war auch, wie Nadella sein Amt antrat. In dem ersten Treffen mit seinem Leadership Team hat er jedem ein Buch geschenkt. Es handelt sich um den Titel „Gewaltfreie Kommunikation" von Marshall B. Rosenberg. Das Handlungskonzept setzt Mitgefühl und Empathie als Eckpfeiler einer effektiven Kommunikation.

Hinzu kommt ein offener und konstruktiver Umgang mit Fehlern, die Nadella auch mit der Belegschaft diskutiert. Das motiviert jeden Einzelnen, offen mit den eigenen Fehlern umzugehen, und sie als wichtige Erfahrungen anzusehen.

Insgesamt ist die Transformation von Microsoft ein gutes Beispiel dafür, wie Wertschätzung · Wertschöpfung treiben kann. Microsoft hat dieses Jahr die magische Billionen-Marke an der Börse überschritten. ━

UNAB HÄNGIGKEIT, UNTERNEHMER GEIST & MENSCHLICH KEIT

━━━━━ FRIEDRICH VON METZLER

„Unsere drei Unternehmenswerte sind Unabhängigkeit, Unternehmergeist und Menschlichkeit. Diese Werte können aber nur gelebte Praxis werden, wenn alle unsere Mitarbeiterinnen und Mitarbeiter sie mittragen."

Friedrich von Metzler ist seit 1971 persönlich haftender Gesellschafter des Frankfurter Bankhauses B. Metzler seel. Sohn & Co. KGaA, der ältesten deutschen Privatbank im ununterbrochenen Familienbesitz. Er ist engagierter Förderer des Finanzplatzes Frankfurt am Main und war an der Umwandlung der Frankfurter Wertpapierbörse in die Deutsche Börse AG beteiligt. 1998 gründete er die gemeinnützige Albert und Barbara von Metzler-Stiftung, die Projekte für Kinder und Jugendliche fördert. Zudem hat er die Entwicklung einiger Frankfurter Institutionen mitgeprägt und gefördert.

Welche Werte haben für Sie besondere Bedeutung und warum?
Unsere drei Unternehmenswerte sind Unabhängigkeit, Unternehmergeist und Menschlichkeit. Diese Werte können aber nur gelebte Praxis werden, wenn alle unsere Mitarbeiterinnen und Mitarbeiter sie mittragen.

Unabhängigkeit bedeutet Freiheit – in der Meinungsbildung und deren Kommunikation, beim Gestalten unserer Strategie und in der Beratung unserer Kunden.

Unternehmergeist heißt für uns: bewahren durch verändern. Auch hier sind die Mitarbeiterinnen und Mitarbeiter entscheidend. Sie geben die Anstöße für Veränderungen und sie sind bereit, in neue Aufgaben hineinzuwachsen und damit den unternehmerischen Erfolg von Metzler mitzugestalten.

Deshalb wird auch der Wert Menschlichkeit bei uns großgeschrieben: Weil wir anerkennen, dass der Mensch individuell ist. Der unternehmerische Erfolg von Metzler wird maßgeblich von den Menschen gestaltet, die im Unternehmen arbeiten und sich mit ihrem unterschiedlichen Wissen, ihren Ideen und ihren ganz persönlichen Fähigkeiten engagieren.

FRIEDRICH VON METZLER

Mit welchen Werten kann ein Unternehmen langfristig erfolgreich am Markt agieren? Bringt Wertschätzung auch Wertschöpfung?

Werte zu haben und nach außen zu transportieren ist wichtig, unerlässlich aber ist, dass man diesen Werten auch gerecht wird. Denn wenn Werte nicht glaubwürdig gelebt werden, kann ein Unternehmen nicht erfolgreich sein. Unsere Kunden müssen darauf vertrauen können, dass unsere Unternehmenswerte nicht nur ein Lippenbekenntnis sind. Das ist der Grundstock unseres Geschäfts. Wir sagen immer: An den Finanz- und Kapitalmärkten ist Vertrauen die wichtigste Währung. Denn wer eine Finanzdienstleistung kauft, gibt dem Verkäufer ja einen großen Vertrauensvorschuss. Um Vertrauen aufzubauen, kann es Jahre dauern. Und ist das Vertrauen zerstört, lässt es sich nur sehr schwer wieder herstellen. Vertrauen kann nur durch die konstante Erfahrung entstehen, dass bestimmte Erwartungen erfüllt und Regeln freiwillig eingehalten werden.

Wir wissen, wie wichtig es ist, dass die Kunden unsere Leistungen wertschätzen – nur so kann ein Unternehmen langfristig Erfolg haben. Die Doppeldeutigkeit des Wortes „Wertschöpfung" gefällt mir sehr gut: Durch das Einhalten unserer Werte gewinnen und halten wir Kunden und bleiben so erfolgreiche Unternehmer. Darüber hinaus bemühen wir uns ständig, uns weiterzuentwickeln, um durch neue Produkte und Dienstleistungen neue Werte zu schöpfen, beispielsweise im Pension Management im Bereich der betrieblichen Altersvorsorge. Doch müssen wir in diesem Prozess stets hinterfragen, ob neu geschöpfte Werte mit unseren Prinzipien übereinstimmen.

Die Digitalisierung schreitet voran. Brauchen wir neue Werte in unserer neuen digitalen Welt, die gerade mit einer unglaublichen Schnelligkeit unser aller Leben verändert?

Werte für eine neue Welt finde ich ganz wichtig, denn schließlich muss vieles neu gedacht werden. Das heißt aber nicht, dass die Werte, die bisher wichtig waren, nun ausgedient haben. Zum Beispiel ist uns beim Bankhaus Metzler der Wert „Unabhängigkeit" weiterhin sehr wichtig, wurde aber auch neu gedacht: Wir möchten nicht komplett abhängig sein von den neuen Möglichkeiten der Digitalisierung, sondern sie nach unserem Ermessen nutzen. Ein Robo-Berater, der die Vermögensberatung von Kunden vollständig automatisieren würde, kommt für uns nicht infrage. Im Bereich „Absolute Return und Wertsicherung" im Asset Management greifen wir jedoch schon seit langem auf die Möglichkeiten der Digitalisierung zurück und nutzen regelgebundene Systeme, die unabhängig von der Marktmeinung prognosefreie Allokationen umsetzen. Mit Blick auf die vielen Möglichkeiten der Digitalisierung sollten wir uns immer die Frage stellen, was für den Kunden wichtig ist.

Werteerziehung gehört zu den großen Herausforderungen unserer Zeit. Mit welchen Wertvorstellungen gehen junge Menschen heute ins Leben, und sind diese Wertvorstellungen zukunftsfähig?

Mit der Digitalisierung ändern sich auch die Werte junger Menschen. Gerade die Generation, die nach 1995 geboren ist, führt einen großen Teil ihres Lebens online – das zeigt unter anderem der Wissenschaftler Michael Haller. Somit ist alles viel schnelllebiger. Junge Menschen haben folglich auch andere Werte, das ist ganz normal. Beispielsweise ist es ihnen nicht mehr so wichtig wie der Vorgängergeneration, sich vor allem im Beruf selbst zu verwirklichen. Ihnen ist es mindestens ebenso wichtig, eine klare Grenze zwischen Arbeit und Freizeit zu ziehen – erstaunlich, weil doch die Grenzen zwischen Online- und Offline-Leben fließend sind. Jugendlichen sind aber auch die Werte Gemeinschaft, Familie, Sicherheit und Wohlstand wichtig. Diese Werte der jungen Generation – also den Beruf und andere Lebensziele unter einen großen Hut zu bringen – halte ich für überaus zukunftsfähig.

Korruption, Ränkeschmiede, Vetternwirtschaft: Ein Blick auf die globalisierte Welt stärkt nicht gerade das Vertrauen in funktionierende Wertesysteme. Wie können wir in unserer alles andere als perfekten Welt Werte erfolgreich leben?

Ein kurzfristig ausgerichtetes Verhalten von Entscheidern, die für die Ergebnisse ihres Handelns nicht einstehen müssen, kann unser Wirtschaftssystem grundlegend infrage stellen. Wir gehen aber davon aus, dass viele Unternehmer verstanden haben, wie wichtig es für einen nachhaltigen Geschäftserfolg ist, sich strikt an transparenten Grundsätzen der Unternehmensführung zu orientieren.

Familienunternehmer haben schon immer anders gedacht: Ihnen war und ist der langfristige Erfolg wichtig, um den Nachfolgern eine gesunde Firma übergeben zu können. Sehr oft fühlt sich ein Familienunternehmen auch verantwortlich für das lokale Umfeld der Firma und engagiert sich gesellschaftlich. Durchaus auch aus Eigennutz. Wenn wir uns zum Beispiel für das Städel Museum engagieren, tragen wir dazu bei, dass Frankfurt eine attraktive Stadt bleibt – auch für unsere Mitarbeiter. Gemeinnütziges unternehmerisches Engagement ist nicht nur altruistisch – oft resultiert daraus ein Gewinn für alle.

Welche Persönlichkeit des öffentlichen Lebens hat für Sie wirklich Vorbildfunktion und warum?

Ein großes Vorbild ist für mich mein Vater, Albert von Metzler. Er hat die Bank mit vorausschauendem Handeln und Mut zur Aktienanlage durch die Katastrophen des letzten Jahrhunderts geführt. Für ihn war dabei immer die Frage wichtig, ob wir für die Zukunft noch richtig aufgestellt sind – davon hat er sich auch vom Tagesgeschäft nicht abhalten lassen. Mit diesem Credo meines Vaters bin ich aufgewachsen. Gerne hat er sich beispielsweise mit jungen Leuten umgeben, auf deren Meinung er großen Wert legte. Ihm war egal, woher eine gute Idee stammte – ob von einem bedeutenden Bankier oder von einem jungen Mitarbeiter. Die Einstellung meines Vaters lebt noch heute im Bankhaus fort.

Mein Vater hat aber nicht nur auf das Bankgeschäft großen Einfluss genommen. Neben seiner Tätigkeit als Unternehmer war er Mitglied im Verwaltungsrat des „Freien Deutschen Hochstifts", wirkte in der Administration der Senckenbergischen Stiftung mit und war nach dem Zweiten Weltkrieg entscheidend am Wiederaufbau des Städel Museums beteiligt. Das Engagement für die Stadt Frankfurt gehört zur Tradition unseres Bankhauses, und ich bin stolz, dass es uns gelingt, diese Tradition weiterzuführen. Der Blick über den Tellerrand ist für uns ganz wichtig: Als Wirtschaftsunternehmen sind wir nur ein Teil der Gesellschaft. Wir leben mit ihr und von ihr. Wir können es uns nicht leisten, den Blick vom Gesamtbild abzuwenden und nur angenehme und bekannte Dinge wahrzunehmen. Dies beschneidet unsere Erkenntnisfähigkeit und letztendlich die Fähigkeit, unternehmerisch richtig zu handeln. ▬

> **Wir können es uns nicht leisten, den Blick vom Gesamtbild abzuwenden und nur angenehme und bekannte Dinge wahrzunehmen.**

INTEGRITÄT, AUTHENTIZITÄT & ACHTSAMKEIT

—————— ANDREA MARTIN

„Seit einigen Jahren beschäftige ich mich sehr intensiv mit der Frage, was für mich als Person wertvoll ist und worauf es in meinem Leben ankommt. Dabei habe ich folgende Werte als besonders wichtig identifiziert: Integrität, Authentizität und Achtsamkeit."

Andrea Martin ist die Leiterin des IBM Watson IoT Center in München und damit verantwortlich für die inhaltliche Ausgestaltung sowie die Marktrelevanz des Centers. Zuvor war sie Chief Technology Officer (CTO) für IBM in Deutschland, Österreich und der Schweiz sowie Präsidentin der IBM Academy of Technology. In ihrer Rolle nutzt Andrea Martin ihre Erfahrung und ihr globales Netzwerk aus über 25 Jahren internationalem Servicegeschäft. Dies liefert auch wichtigen Input für ihre Aufgabe als Sachverständige in der KI Enquête Kommission des Deutschen Bundestags, die am 27.09.2018 konstituiert wurde. Andrea Martin begann ihre Karriere bei IBM im Jahr 1992 nach ihrem Studium der Wirtschaftsmathematik an der Universität Karlsruhe.

Welche Werte haben für Sie besondere Bedeutung und warum?

Seit einigen Jahren beschäftige ich mich sehr intensiv mit der Frage, was für mich als Person wertvoll ist und worauf es in meinem Leben ankommt. Dabei habe ich folgende Werte als besonders wichtig identifiziert: Integrität, Authentizität und Achtsamkeit. Integrität bedeutet für mich vor allem, das, was ich sage, auch umzusetzen. Authentisch bin ich dann, wenn ich mich im Hinblick auf meine Gefühle nicht verstelle. Menschen haben ein sehr gutes Gespür dafür, ob jemand wirklich „echt" ist. Das gilt nicht nur für mich als Privatmensch, sondern auch als Führungsperson. Wenn ich einmal einen schlechten Tag habe, brauche ich das nicht unbedingt vor anderen zu verbergen, aber ich muss selbstverständlich nicht die Gründe dafür darlegen. In jedem Fall sollte Authentizität nicht so weit führen, dass ich ein Team oder Menschen in meinem Umfeld dadurch belaste. Es ist jedes Mal ein Balanceakt, wie weit ich hier gehe. Aber es erleichtert das Miteinander, wenn ich ehrlich zu mir und ehrlich zu anderen bin und nicht glaube, dass ich mich verstellen muss.

Ein weiterer sehr wichtiger Wert ist für mich die Achtsamkeit, die ich ganz eng verbunden sehe mit dem Wert „Gesundheit". Vor einigen Jahren hatte ich gesundheitliche Probleme, deren Ursachen vielfältig waren. Mit Hilfe eines Coaches konnte ich diese benennen und entsprechend an einer Verbesserung der Situation arbeiten. Thema Nummer eins war dabei die Achtsamkeit mir selbst gegenüber. Ich lernte im wahrsten Sinne des Wortes besser auf mich zu achten, und mich nicht so leicht von äußeren Faktoren beeinflussen oder unter Druck setzen zu lassen.

Mit welchen Werten kann ein Unternehmen langfristig erfolgreich am Markt agieren? Bringt Wertschätzung auch Wertschöpfung?

Wertebasiertes Handeln ist aus meiner Sicht für Unternehmen sehr wichtig. Das beginnt damit, dass Unternehmenskultur nicht nur gepredigt wird. Mir ist es immer wichtig gewesen, für ein Unternehmen zu arbeiten, dass nicht nur schöne Leitideen formuliert, sondern diese auch lebt. Hier kommen wir wieder auf das Thema Integrität zurück.

> „Diversity" bedeutet, jemanden einzuladen, und „Inklusion", ihn zum Tanz aufzufordern.

In unserer globalisierten Welt halte ich zudem die Themen „Diversity" und „Inklusion" für ganz entscheidend. Ein Satz, der kürzlich bei einer Podiumsdiskussion fiel, bringt es gut auf den Punkt: „Diversity" bedeutet, jemanden einzuladen, und „Inklusion", ihn zum Tanz aufzufordern. Der Kunde kann sehr schnell am Service und den Produkten feststellen, wie ein Unternehmen aufgestellt ist und ob es diese Werte lebt. Weltoffenheit und Integration sind heutzutage unerlässlich für den Erfolg. Ein Unternehmen, das Impulse von außen zulässt und die Unterschiedlichkeit seiner Mitarbeiter als Gewinn ansieht, macht schon vieles richtig.

Wertschätzung gegenüber Kunden und Mitarbeitern zeigt sich für mich auch in dem Respekt, den ich jedem einzelnen entgegenbringe. Auf diesen wichtigen Punkt möchte ich hier zu sprechen kommen. Unter Respekt verstehe ich in diesem Zusammenhang auch, dass ich Verantwortung für das übernehme, was ich zugesagt habe.

Wertschätzung und Respekt beziehen sich für mich allerdings nicht nur auf das Unternehmen an sich, sondern schließen die Verantwortung für die Welt mit ein. Beispielsweise sind die Themen Umweltschutz und Nachhaltigkeit in aller Munde, aber wir werden die Klimaziele nur gemeinsam mit den Unternehmen erreichen können.

Viele Führungskräfte haben das erkannt und arbeiten mit ihren Unternehmen oft bereits seit Jahren an einer kontinuierlichen Neuorientierung. Hierzu zählt auch IBM, das Unternehmen, für das ich tätig bin. IBM befindet sich ständig in einem Transformationsprozess, der sicherlich nicht immer mit der gleichen Intensität erfolgt, aber kontinuierlich ist. Entwicklungen zu antizipieren und sich immer wieder neu aufzustellen, halte ich für ein wichtiges Erfolgsrezept, wenn Unternehmen langfristig am Markt erfolgreich sein wollen. Veränderungen verlangen den Menschen etwas ab, aber gerade die Offenheit für Neues ist für mich zugleich auch wieder ein wichtiger Wert. Wir leben in einer sich schnell verändernden Welt; diese Dynamik nicht als Problem, sondern als Chance zu begreifen, ist jetzt besonders wichtig.

Ein weiterer wichtiger Punkt ist die Tatsache, dass Menschen etwas Sinnvolles tun wollen und mit ihrer Arbeit einen Beitrag zur Gesellschaft leisten möchten. Auch das hat etwas mit Wertschätzung zu tun und ist ein wichtiger Aspekt, der von Unternehmenslenkern nicht aus den Augen verloren werden sollte.

Die Digitalisierung schreitet voran. Brauchen wir neue Werte in unserer neuen digitalen Welt, die gerade mit einer unglaublichen Schnelligkeit unser aller Leben verändert?
Ich glaube nicht, dass wir neue Werte brauchen. Allerdings sollten wir uns überlegen, wie wir unsere vorhandenen Werte sinnvoll in der digitalen Welt umsetzen können. Wenn wir zum Beispiel Freiheit, Gerechtigkeit und Solidarität als Grundwerte anerkennen, müssen wir uns fragen, was diese einzelnen Werte in der heutigen Zeit bedeuten. Was bedeutet Freiheit in einer Welt, in der wir potenziell immer gläserner werden und Unternehmen immer mehr über uns wissen? Was heißt Gerechtigkeit, wenn ich gegebenenfalls nicht einmal weiß, was mit meinen Daten passiert? Hier gibt es sicherlich noch einigen Diskussions- und Handlungsbedarf.

Ein weiterer wichtiger Aspekt ist, auf welche Werte wir uns in einer globalisierten, digitalen Welt einigen können. Nationen sind durch die Digitalisierung enger miteinander verbunden als jemals zuvor. Aber je nach Kulturkreis und Nation gibt es große Unterschiede bei der Gewichtung einzelner Werte. Hier brauchen wir für die Zukunft sicherlich noch einen intensiveren Austausch über gemeinsame Leitlinien. Ein gelungenes Beispiel für so ein weltgemeinschaftliches Vorgehen ist die Ächtung biologischer und chemischer Waffen. Auf einem vergleichbaren Wege könnte die Weltgemeinschaft weitergehen, indem sie versucht, sich auf allgemeingültige Regeln zu verständigen. Es wird, je nach Kulturkreis immer unterschiedliche gesellschaftliche Werte geben. Aber die Zusammenarbeit funktioniert leichter, wenn bestimmte Maximen einfach international anerkannt sind und gelebt werden.

Dennoch wird es in verschiedenen Ländern immer unterschiedliche Ansätze geben, wie digitale Veränderungsprozesse ablaufen und gestaltet werden können. Aus meiner Sicht ist das auch gut so.

Werteerziehung gehört zu den großen Herausforderungen unserer Zeit. Mit welchen Wertvorstellungen gehen junge Menschen heute ins Leben, und sind diese Wertvorstellungen zukunftsfähig?

Die Frage ist doch, wer für die Wertevermittlung zuständig ist?

Die Frage ist doch, wer für die Wertevermittlung zuständig ist? Aus meiner Sicht sind das die Eltern, das Umfeld und die Schule. Es hat sich also im Grunde gar nicht so viel verändert. Leider beobachtet man in den vergangenen Jahren, dass versucht wird, Verantwortung für die Erziehung und Vermittlung von Werten hauptsächlich an die Schule abzuschieben. Das ist aus meiner Sicht nicht der richtige Weg. Selbstverständlich kann die Schule mithelfen, Kindern Werte wie Respekt und Achtung vor dem anderen zu vermitteln. Aber sie ist nur ein Baustein bei der Werteerziehung. Umfeld und Elternhaus sind hier mindestens genauso stark gefragt. Das sollten wir nicht aus den Augen verlieren.

Wichtig ist aus meiner Sicht auch, dass junge Menschen verantwortungsvoll an den Umgang mit Medien und an die digitale Welt herangeführt werden. Hier gibt es bereits viele gute Angebote. Allerdings zeigen Mobbing und Pöbeleien im Netz auch, dass noch einige Aufgaben auf uns warten. Das Thema ist sehr wichtig, denn

Werte wie Höflichkeit, Toleranz, Anstand und Respekt gelten selbstverständlich nicht nur, wenn wir uns persönlich, sondern auch wenn wir uns digital begegnen.

Wir alle sind dabei gefordert, jungen Menschen das richtige Verhalten in der realen und der digitalen Welt vorzuleben.

Korruption, Ränkeschmiede, Vetternwirtschaft: ein Blick auf die globalisierte Welt stärkt nicht gerade das Vertrauen in funktionierende Wertesysteme. Wie können wir in unserer alles andere als perfekten Welt Werte erfolgreich leben?
Diese Frage ist sicherlich aus der Perspektive eines Landes formuliert, in dem diese Themen gesellschaftlich eher geächtet sind als in vielen anderen. Aber das Vorhandensein von Korruption und Vetternwirtschaft hat bei mir nicht das Vertrauen in funktionierende Wertesysteme erschüttert. Im Gegenteil, ich bin froh, dass wir in Deutschland ein funktionierendes Wertesystem haben und sehe seine Erfolge. Das lässt mich optimistisch in die Zukunft blicken.

Spannend wird es, wenn internationale Handelsbeziehungen diese unterschiedlichen Welten miteinander in Kontakt bringen. In meinem Unternehmen gibt es hierfür Richtlinien, an die sich jeder Mitarbeiter halten muss und die Korruption oder Vetternwirtschaft kategorisch ausschließen. Wer gegen diese Richtlinien verstößt, verliert im Zweifelsfall seinen Job. Zudem gibt es jährliche Schulungen zu diesem Thema, an denen jeder Mitarbeiter teilnehmen muss. Auch daran ist zu erkennen, wie wichtig diese Richtlinien für unser Unternehmen sind.

Welche Persönlichkeit des öffentlichen Lebens hat für Sie wirklich Vorbildfunktion und wenn ja, warum?
Ich neige nicht dazu, mir Vorbilder zu suchen. Daher ist es für mich schwierig, diese Frage zu beantworten. Die Welt ist nicht schwarz oder weiß. Es gibt bei jedem Menschen positive und negative Seiten. Niemand kann immer und in jedem Bereich vorbildhaft sein. Wenn ich an jemandem vorbildhafte Eigenschaften entdecke, bleibt doch immer die Gewissheit, dass ich letztlich ganz anders bin, und es auch Seiten an diesem Menschen geben kann, die ich nicht schätze. Deshalb habe ich keine Vorbilder. ▬

VER-
TRAU-
EN

HELMUT ANDREAS HARTWIG

„Das Thema Vertrauen ist für mich am wichtigsten.
Wer Vertrauen zu sich selbst und Vertrauen zu
anderen hat, verfügt über eine wunderbare Basis,
vieles daraus zu entwickeln."

Kommunikation, Vielfalt und Vernetzung sind die Bindeglieder im Berufsweg von Helmut Andreas Hartwig. Bankkaufmann, Journalist, Fotograf, MdB-Assistent, Wahlkampfleiter für Parteien und Spitzenpolitiker, Unternehmer, Berater für Medien, Unternehmen, Verbände und Kulturschaffende, Dozent sowie Moderator von Talkshows und Veranstaltungen. Angeregt durch ein USA-Stipendium etabliert er Sponsoring mit seiner preisgekrönten, mehrere Hundert Mitarbeitern starken Firma u. a. für verschiedene DAX-Konzerne. Später dann Chairman und Partner des Marktführers für alle Disziplinen der Kommunikation und Werbung. Initiator und Organisator unterschiedlicher Benefizveranstaltungen ist Helmut Andreas Hartwig heute ehrenamtlicher Coach und Mentor für Wirtschaft, Politik, Kultur und Soziales und engagiert sich als Mäzen. Für seine Verdienste um das Allgemeinwohl ist er mit dem Bundesverdienstkreuz ausgezeichnet worden.

Welche Werte haben für Sie besondere Bedeutung und warum?

Das Thema Vertrauen ist für mich am wichtigsten. Wer Vertrauen zu sich selbst und Vertrauen zu anderen hat, verfügt über eine wunderbare Basis vieles daraus zu entwickeln. Zwei Zitate habe ich mir zur Maxime gemacht: „Wenn man von einer Sache überzeugt ist, hat ein jeder die Kraft, sie auch in die Tat umzusetzen" (nach Johann Wolfgang von Goethe) und: „Wenn man etwas für richtig hält, soll man es auch tun" (nach Hermann Hesse).

Ich halte es für entscheidend, auch gegen Widerstände für seine Überzeugung einzustehen. Persönliche und gesellschaftliche Weiterentwicklung oder auch beruflicher Erfolg treten nur ein, wenn man versucht, andere mitzureißen und zu begeistern. Wie soll Großes erreicht werden, wenn sich viele mit Mittelmaß zufriedengeben?

Mit welchen Werten kann ein Unternehmen langfristig erfolgreich am Markt agieren? Bringt Wertschätzung auch Wertschöpfung?

Auch im beruflichen Umfeld spielt das Vertrauen eine sehr wichtige Rolle. Ich selbst habe kein Abitur, nicht studiert oder promoviert, doch ich habe gelernt, Vertrauen in mich selbst zu haben. Das ist ein ganz entscheidender Erfolgsfaktor.

Zudem bin ich fest davon überzeugt, dass Wertschätzung ein Wertschöpfungsfaktor ist. Derzeit ist oft von „Disruption" die Rede, also der „Zerschlagung" von Geschäftsmodellen, momentan vor allem durch den Umbruch der Digitalwirtschaft. In diesem Zusammenhang fällt mir eine Geschichte ein: Ein Freund hinterließ einen Rotweinfleck auf einem Sofakissen, drehte dieses demonstrativ um und fragte mich, wie oft er das wohl machen könne. Auch so funktioniert für mich Disruption. Einmal kann man etwas Überraschendes tun, kann Umbrüche leben, doch dann zählen eigentlich doch wieder Verlässlichkeit, Ehrlichkeit und Vertrauen. Es gibt den berühmten Spruch: Man sieht sich im Leben immer zwei Mal.

In unserem Wirtschaftsleben gibt es natürlich Beispiele von Führungskräften, die mit Ellenbogen Erfolg erzielen. Doch meistens ist diese Vorgehensweise nicht nachhaltig. Auf lange Sicht zahlt sich ein faires und ethisch basiertes Handeln aus.

Die Arbeit der Wertekommission halte ich daher für sehr wichtig, nicht nur in der heutigen Zeit. Den Unternehmen und ihren Mitarbeitern kommt in unserer Gesellschaft eine wichtige Funktion zu. Sie können ethisches Handeln vorleben. Vielleicht kostet das manchmal Umsatz, aber es trägt in einem Bereich Früchte, der kostbarer ist als jeder wirtschaftliche Gewinn.

Die Menschen spüren, wenn etwas falsch läuft. Und der Verbraucher oder der politisch denkende Bürger ist sensibler und interessierter an diesen Themen als viele es für möglich halten.

Die Digitalisierung schreitet voran. Brauchen wir neue Werte in unserer neuen digitalen Welt, die gerade mit einer unglaublichen Schnelligkeit unser aller Leben verändert?
Werte sind ethisch und moralisch als gut betrachtete Eigenschaften. Da sich die Sicht auf viele Dinge permanent ändert, müssen Werte darin gespiegelt werden.

Ich habe meine berufliche Laufbahn mit einer Banklehre begonnen. Damals war eine eigene Meinung kaum gefragt. Das hat sich glücklicherweise geändert. Heute zählen Teamfähigkeit und Offenheit. Daran zeigt sich, wie sich die Gewichtung von Werten verändert. Wir brauchen keine neuen Werte. Aber wir sollten die

HELMUT ANDREAS HARTWIG

bestehenden Werte den neuen Umständen anpassen, sie vielleicht erweitern oder neu definieren.

Die Offenheit in unserer Arbeitswelt bietet große Chancen. Wir können von den Werten anderer lernen und neue Inhalte in unsere eigene Arbeit aufnehmen. Das ist großartig.

Wir erleben jetzt eine nie geahnte Form der Demokratisierung von Wissen: Durch die Digitalisierung, die Schnelligkeit und die Flut an Informationen fehlen den Menschen – und nicht nur den jungen – aber auch ein gewisser Halt und eine Grundordnung. Umso wichtiger sind Werte. Wir orientieren uns an anderen Menschen. Zuerst im Elternhaus, dann im Freundeskreis und der Schule und später im beruflichen Umfeld. Wenn hier Werte vorgelebt werden, dann hilft das allen, sich in der Welt besser zurechtzufinden.

Wir erleben jetzt eine nie geahnte Form der Demokratisierung von Wissen.

Dieses Vorleben ist heute genauso wichtig wie vor einigen Jahrzehnten, nur dass wir früher eine strengere gesellschaftliche Ordnung und einen stärkeren Zusammenhalt hatten. Das macht die Arbeit der Wertekommission so notwendig. Wir müssen uns immer wieder die Frage stellen, welche Werte wir brauchen, wie wir sie leben und vermitteln können. Die Aufforderung, sich Gedanken über sein Tun zu machen, den Mut zu haben, anders zu sein, kontrovers zu diskutieren und sich zu engagieren, ist Grundlage für die Gesellschaft an sich.

Werteerziehung gehört zu den großen Herausforderungen unserer Zeit. Mit welchen Wertevorstellungen gehen junge Menschen heute ins Leben, und sind diese Wertvorstellungen zukunftsfähig?
Meine Erfahrung ist, Mitarbeiter an der „langen Leine laufen zu lassen", ihnen aber bei Fehlern auch unbedingt zur Seite zu stehen. In der von mir gegründeten Kommunikationsagentur herrschte eine offene und kreative Kultur. Und es galt, Vorbild zu sein und Verantwortung zu übernehmen.

Das bedeutet auch, das zu tun, was besprochen und damit versprochen wurde, und davon nicht abzuweichen.

Wichtig ist es, gute Leistungen entsprechend zu honorieren. Wenn ein Projekt erfolgreich war, erhielt der Mitarbeiter in meiner Firma nicht nur einen Bonus, sondern es gab beispielsweise auch Reisen, um neue Kulturen kennenzulernen und den eigenen Horizont zu erweitern. Vor allem aber sollen Anreize geschaffen werden, um sich für Neues zu öffnen. „Macht Dinge, die ihr noch nie getan habt! Geht zum Basketball, wenn ihr Opernfreunde seid. Wenn ihr begeisterte Tänzer seid, schaut euch mal eine Schachmeisterschaft an."

Folgende Gedanken zur Erfüllung eines Wunsches haben mich inspiriert:

1. Sei innerlich bereit, Dich weiterzuentwickeln.
2. Schließe alle Zweifel zunächst einmal aus.
3. Frage Dich, auch mit anderen zusammen, wie der beste Weg aussieht.
4. Entscheide Dich für einen Vorschlag.
5. Mache es dann auch!

Bis zum Schritt vier kommen die meisten. Aber die Umsetzung ist das Entscheidende. Selbst wenn man sich nicht ganz sicher ist, ist es immer noch besser, es zu tun, als es nicht zu tun. Wie soll man sonst wissen, ob es Erfolg hat oder nicht?

Erfahrung und Vertrauen sind die besten Lehrmeister.

Setze deine ganze Kraft in die Lösung und Durchführung, anstatt die Entschuldigungen zu suchen, warum du eine Idee nicht umsetzt, die du für richtig hältst.

Ich habe junge Menschen immer darin bestärkt, etwas zu wagen, voranzuschreiten und Dinge zu tun. Wenn es lief, war das die beste Selbstbestätigung. Wenn doch einmal etwas nicht geklappt hat, wussten sie jemanden an ihrer Seite, der ihnen beisteht. So erlangen Menschen Selbstvertrauen und wachsen über sich hinaus. Erfahrung und Vertrauen sind die besten Lehrmeister.

Korruption, Ränkeschmiede, Vetternwirtschaft: Ein Blick auf die globalisierte Welt stärkt nicht gerade das Vertrauen in funktionierende Wertesysteme. Wie können wir in unserer alles andere als perfekten Welt Werte erfolgreich leben?

HELMUT ANDREAS HARTWIG

Auch hier gilt: Wir sollten zu unseren Werten stehen und das tun, was wir sagen. Ich hatte das große Glück, sowohl beruflich als auch privat viel zu reisen. Immer wenn ich von meinen Reisen zurückkam, habe ich mir gesagt: Das waren aber große Erlebnisse und Eindrücke und dann versucht, einiges davon in den Alltag einzubauen. Und was haben wir für ein Glück, in einem solch tollen Teil der Welt zu leben. Das Leben hier bietet eine Fülle von Werten und besondere Rahmenbedingungen. Durch reines Gewinnstreben sollten wir uns nicht von diesen unseren Grundlagen abwenden.

Deswegen ist es wichtig, dass wir unsere Grundwerte beibehalten, auch wenn es den internationalen Druck gibt. So ist es zum Beispiel eine gute Entwicklung, dass Korruption heutzutage viel stärker gebrandmarkt wird. Früher waren nach deutschem Recht Bestechungsgelder sogar von der Steuer absetzbar.

Mit einem gewissen Stolz sollten wir auf solche Entwicklungen schauen und auch im internationalen Geschehen für korrektes und faires Handeln einstehen.

Welche Persönlichkeit des öffentlichen Lebens hat für Sie wirklich Vorbildfunktion und warum?
Es gibt zahlreiche Menschen, aber auch Institutionen und Einrichtungen, die vorbildlich handeln und von denen ich versucht habe, Ideen oder Taten in mein eigenes Leben zu übernehmen. Es wäre unfair einzelne Namen zu nennen.

Wir bekommen alle nur Bilder oder Eindrücke von anderen Menschen, entweder aus persönlichen Begegnungen oder durch Berichterstattung in den Medien. Dies sind jedoch immer nur einzelne Facetten.

Je älter ich werde, desto mehr realisiere ich, wie sehr meine Eltern und wunderbare Mentoren prägend für mein Leben waren und sind. Ich habe von ihnen gelernt, nicht nur Werte zu kennen, sondern diese auch tatsächlich zu leben und weiterzugeben. ▬

DR. PHILIPP BUSCH

„Mut ist für mich ein besonders wichtiger Wert, da ich fest davon überzeugt bin, dass die meisten Menschen wissen, was anständig ist und was nicht, es ihnen allerdings an Mut fehlt, danach zu handeln."

Dr. Philipp Busch, Jahrgang 1963, verheiratet, drei Kinder. Nach dem Studium der Betriebswirt-schaftslehre an der Universität Mannheim zum Diplom-Kaufmann und parallelem Studium der Geografie mit Abschluss der Promotion zum Dr. phil. war Philipp Busch begleitend zur Promotion Referent der Personalentwicklung für den IT-Bereich bei Otto Versand. Hiernach Berater bei der Boston Consulting Group bis 1995. Dort erfuhr er, dass sehr hohe Leistungsorientierung und wert-orientiertes Verhalten sich nicht widersprechen und wie stark die Umsetzung dieses Gedankens von einzelnen Menschen abhängt. Von 1996 bis 2001 in unterschiedlichen Geschäftsführungspositionen bei der Gruner + Jahr AG und bis 2007 Geschäftsführer der manager magazin Verlagsgesellschaft. Aktuell Managing Partner von Beteiligungs- und Corporate Finance-Unternehmen. Er ist Beirat und Aufsichtsrat in unterschiedlichen Unternehmen, Vorsitzender des Kuratoriums der Wertekom-mission e. V. und Salonier des Hauptstadtsalons Berlin.

Welche Werte haben für Sie besondere Bedeutung und warum?

Mut ist für mich ein besonders wichtiger Wert, denn ich bin nach wie vor fest davon überzeugt, dass die Menschen meistens ein ganz gutes Gefühl dafür haben, was in Ordnung ist und was nicht. Ihnen fehlt aber häufig der Mut, danach zu handeln und für ihre Werte einzustehen, besonders gegenüber Drit-ten. In diesem Zusammenhang würde ich gerne das etwas in Vergessenheit geratene Wort „Freimut" in die Diskussion einführen. Dieses Wort trifft sehr gut, was ich meine. In den vergangenen Jahren ist es ein wenig aus der Mode gekommen, seine Meinung kraftvoll zu vertreten und mutig für das einzustehen, was man denkt. Es wäre gut, wenn die Streitkultur in unserer Gesellschaft eine Renaissance erführe. Streit wird schnell als etwas Negatives gesehen. Dabei kann man sich mit jemandem streiten und ihn dennoch respektieren. In einer freiheitlichen Gesell-schaft gibt es keine absoluten Wahrheiten, daher ist der Dis-kurs, auch wenn es mal funkt, unerlässlich für Innovation.

Wir haben uns als Gesellschaft zu Werten bekannt, die u.a. im Grundgesetz festgehalten sind. Doch eine funktionie-rende Demokratie ist zugleich auch eine streitbare Demokra-tie, in der jeder für diese Werte einstehen sollte. Werte sind nicht einfach garantiert. Sie müssen von uns gelebt und erhal-ten werden. Das erfordert immer wieder Mut, Freimut!

Werte sind nicht einfach garantiert. Sie müssen von uns gelebt und erhalten werden. Das erfordert immer wieder Mut, Freimut!

Mit welchen Werten kann ein Unternehmen langfristig erfolgreich am Markt agieren? Bringt Wertschätzung auch Wertschöpfung?

Diese Frage beleuchtet mehrere Dimensionen abhängig von den vielfältigen Feldern der Führung eines Unternehmens. Wenn ich ein Produkt am Markt platzieren will, so ist ein entscheidender Wert „Vertrauen". In dem Moment, in dem das Vertrauen in ein Produkt groß ist, ist der „Brand value" hoch. Für Unternehmen, deren Produktreputation, also das Vertrauen der Kunden in das Produkt, bröckelt, ist Umsatzrückgang und Vernichtung von Brand value die unmittelbare Folge. Eine weiteres Feld sind die Mitarbeiter. Heutzutage ist die Wechselbereitschaft von Mitarbeitern deutlich höher, und gute Leute sind wie Quecksilber und achten neben extrinsischen Motiven deutlich mehr auf die Wertgebundenheit des Unternehmens. Das kann Respekt, Nachhaltigkeit, aber auch verantwortungsbewusstes Handeln und vieles mehr sein. Zudem setzt sich zunehmend das Bewusstsein durch, dass die Arbeit nicht der einzige Sinn des Lebens ist. Ferner: Die Digitalisierung erlaubt uns heute, Arbeit in der Dimension Zeit und Raum erheblich flexibler zu gestalten. Die Zeiten der Stechuhr sind vorbei. Unternehmen, die die Bedürfnisse der Menschen und ihre Werte erkennen, sind hier klar im Vorteil.

Die Digitalisierung schreitet voran. Brauchen wir neue Werte in unserer neuen digitalen Welt, die gerade mit einer unglaublichen Schnelligkeit unser aller Leben verändert?

Hier sollte man zwei Sphären unterscheiden. Es hat Propheten des Internets gegeben, die dieses als rechtsfreien, ja herrschaftsfreien Raum angesehen haben. Das ist es aber nicht. Unsere Gesellschaft hat sich Regeln gegeben und folgt zudem einer übergeordneten Ethik. Ich kann im Netz nicht einfach jemanden anpöbeln. Auch der „Gedankendiebstahl" mit Hilfe von „copy and paste" ist zu verurteilen. Kreativen Menschen die Möglichkeit des Einkommenserwerbs zu nehmen, auch wenn das technisch leicht möglich ist, ist nicht anständig. Das Internet ist unseren gesellschaftlichen Werten und unserer Ordnung genauso unterworfen wie unser sonstiges Handeln auch.

Die zweite Sphäre bezieht sich auf den extremen Wandel, dem wir alle im Zuge der Digitalisierung unterworfen sind. Wenn Dinge sich enorm schnell verändern, brauchen wir vermehrt Werte, die uns als Leitplanken in der Veränderung dienen. Wandel fällt Menschen aus unterschiedlichen Gründen schwer. Einer der zentralen Werte in Zeiten des Wandels ist Vertrauen. Die Digitalisierung entwickelt sich exponentiell und ist einfach zu komplex, als dass der Einzelne die Auswirkungen auf die Gesellschaft in allen Facetten wirklich durchschauen kann. Sie müssen also denjenigen, die Verantwortung in einer Gesellschaft tragen, bei solchen Veränderungsprozessen vertrauen. Wenn große Teile der Menschen das nicht tun, wird es zu Friktionen kommen. Vertrauen kommt allerdings nicht von alleine, sondern man muss es sich verdienen! Das ist bei Freunden und Ehepaaren nicht anders als in Unternehmen.

Die Digitalisierung ist eine weitere industrielle Revolution. Die erste ersetzte physische Arbeit durch Maschinen und ist mit starken gesellschaftlichen Verwerfungen abgelaufen. Ob die Digitalisierung ohne gesellschaftliche Verwerfungen ablaufen wird, hängt nicht zuletzt von der Intelligenz, aber auch der Wertgebundenheit der Unternehmensführung ab. Gelingen kann der Wandel aus meiner Sicht aber nur im engen Zusammenspiel von Staat und Unternehmen.

Es ist beim second maschine age in Ansätzen absehbar, was auf uns zukommt: Arbeitsfelder werden sich durch den Einsatz von modernen Kommunikationsmöglichkeiten und Robotik extrem verändern. KI-Systeme werden auch in Bereichen Menschen ersetzen, wo wir es für undenkbar hielten. Geschäftsmodelle werden komplett auf den Kopf gestellt. Wichtig ist es, den Wandel jetzt einzuleiten und vorausschauend zu begleiten. Hier haben diejenigen die größte Verantwortung, die Unternehmen leiten. Der einfache Sachbearbeiter kann entweder Opfer der Veränderungen werden, oder er wird als Teil der Mitgestaltung gesehen. Allerdings wird dann auch von ihm die Bereitschaft zum Wandel erwartet.

Ein zentraler Faktor im vorausschauenden Management solcher Veränderungen ist Bildung. Unser Bildungssystem bildet die Menschen derzeit nicht im Hinblick auf die neuen Anforderungen der digitalen Welt aus. Wir brauchen Bildung, die vernetzter ist. Maschinen können vieles, aber über verschiedene Bereiche hinwegzudenken oder Empathie zu entwickeln, gelingt ihnen bislang noch nicht.

Bildung ist der Rohstoff unseres Landes. Doch obwohl Deutschland ein so reiches Land ist, gibt es gerade im Bildungsbereich große Innovationsarmut.

Die Bildung sollte dringend entideologisiert und die technischen Möglichkeiten sollten – auch und vor allem in der Schule – stärker genutzt werden. Im Zeitalter von active boards und augmented reality hat der gute alte Atlas einfach ausgedient. Wenn Kinder heute eine so schlechte Ausbildung bekommen, dass sie keine Chance auf dem Arbeitsmarkt haben, oder noch viel schlimmer gar keinen Abschluss machen, ist das meistens nicht ihre Schuld, sondern schlicht verantwortungsloses Handeln der dafür zuständigen staatlichen Stellen! Es gibt zwar bereits viele Bemühungen, die in die richtige Richtung gehen, aber das reicht bei weitem nicht aus.

Werteerziehung gehört zu den großen Herausforderungen unserer Zeit. Mit welchen Wertvorstellungen gehen junge Menschen heute ins Leben, und sind diese Wertvorstellungen zukunftsfähig?

Ich bin der Meinung, dass wir derzeit in der besten aller Zeiten leben. Aber wir müssen auch einiges dafür tun, damit das so bleibt. Es ist wichtig, jungen Menschen zu vermitteln, dass Werte nicht einfach da sind, sondern dass sie das Ergebnis des Handels von Menschen, also auch von ihnen selbst sind. Dieses Handeln müssen wir immer wieder einfordern.

Gerade wenn es mir gut geht, habe ich automatisch auch eine Verantwortung für andere. Es ist unter Umständen lobenswerter, auch einmal den nicht so geliebten Job des Klassensprechers zu übernehmen, als eine eins in Physik zu schreiben. Das kann man den Kindern vermitteln und das sollten Eltern auch tun.

Insgesamt halte ich es für schwierig, pauschal über „die Jugend" zu sprechen, denn dafür sind Menschen zu individuell, und es gibt sehr unterschiedliche Cluster. Was ich aber beobachte, ist ein zunehmendes Interesse daran, Dinge zu teilen. Das Sein scheint sich zu Lasten des Habens zu verschieben. Während früher das Auto als Statussymbol unabdingbar war, ist das in der heutigen jungen Generation nur noch ein untergeordnetes Thema. Ich muss Dinge nicht mehr unbedingt besitzen, sondern ich teile sie, was unter dem Stichwort „share economy" bekannt ist. Sicherlich hat und wird es immer eine gewisse Konsumorientierung gegeben. Die Glücksforschung hat jedoch gezeigt, dass ab einem fünfstelligen Nettoeinkommen im oberen Bereich die Zufriedenheit der Menschen nicht mehr zunimmt. Ob wir damit an die Grenzen der Wachstumsgesellschaft stoßen, mag dahingestellt sein. In jedem Fall ist diese Entwicklung sehr spannend.

Korruption, Ränkeschmiede, Vetternwirtschaft: ein Blick auf die globalisierte Welt stärkt nicht gerade das Vertrauen in funktionierende Wertesysteme. Wie können wir in unserer alles andere als perfekten Welt Werte erfolgreich leben?
Das bleibt eine große Herausforderung. Dennoch ist auch in dieser Hinsicht die Welt deutlich besser geworden ist. Es gibt mehr Länder als jemals zuvor, die eine freiheitliche Ordnung haben und in denen rechtstaatliche Prinzipien gelten. Für uns ist heute kaum noch vorstellbar, dass Spanien, Portugal und Griechenland in den 1970er-Jahren noch Diktaturen waren.

Wir sollten behutsamer sein, unsere eigenen Werte in einer globalen Perspektive für die einzig richtigen zu halten. Dabei müssen wir zwei Ebenen unterscheiden: Wie handele ich selber? Welchen Werten fühle ich mich in der Gesellschaft, in der ich lebe, verpflichtet? Und die andere lautet: Wie will ich eigentlich, dass der andere handelt? Wir kommen aus einer stark christlich geprägten Tradition, die sich dem Thema Nächstenliebe verpflichtet fühlt, zugleich aber auch missionarisch wirkt. Wir brechen also sehr schnell den Stab über andere Werte und Kulturen. Vor dieser Form von Hypermoral sollten wir uns hüten. Jede Entwicklung braucht ihre Zeit, und wir sind mit unserer westlichen Kultur schnell dabei, uns anderen überlegen zu fühlen und jedem ungefragt mitzuteilen, wie er zu leben hat . Was in unserem eigenen Gemeinwesen gilt, sollten wir, soweit wir es für sinnvoll erachten, verteidigen. Was in anderen Gemeinwesen gilt, sollten wir zunächst einmal verstehen, bevor wir lautstark urteilen. Auch hier ist ein Blick auf die Glücksforschung spannend, denn es zeigt sich, dass die Menschen in den freiheitlichen Staaten nicht unbedingt glücklicher sind als die Menschen in weniger „privilegierten" Gesellschaften.

Für viel wichtiger halte ich in einer globalen Welt die Frage, was sind die Maximen meines Handelns? Es ist wichtig, dass Wertfragen parallel zu ökonomischen Fragen behandelt werden. „Korruption geht nicht", ist einfach gesagt, aber es gibt schlichtweg Länder, in denen ohne Korruption nicht einmal ein Stromvertrag abgeschlossen wird. Daher muss ich für mich entscheiden, wie ich mit dem Thema umgehe. Wie geht ein Unternehmen damit um? Das muss transparent besprochen werden. Die Welt ist nicht nur schwarz oder weiß, und es geht auch nicht nur um Geld, so dass eine Führungskraft genau abwägen muss, was sie tut und was nicht.

Daher ist die Wertediskussion so wichtig, denn es gibt keine absoluten Wahrheiten. Wir müssen uns mit diesen Themen auseinandersetzen, uns streiten und auch einmal den einen oder anderen Fehler machen, und dafür auch die Verantwortung übernehmen.

Welche Persönlichkeit des öffentlichen Lebens hat für Sie wirklich Vorbild-funktion und wenn ja, warum?
Es gibt bekanntlich keine perfekten Menschen, aber es gibt herausragende, von Freimut getränkte Handlungen von Menschen. Hier möchte ich beispielsweise Oskar Schindler nennen, ein mit allen, manchmal auch trüben, Wassern gewaschener Geschäftsmann, der in schwierigen Zeiten unglaublich couragiert das Richtige getan hat. Ähnlich mutig gehandelt – wenngleich auf andere Weise – hat Berthold Beitz, der später über viele Jahre die Geschicke von Krupp lenkte. Herausragend ist auch die Courage von Margarethe von Oven, der Sekretärin von Claus Schenk Graf von Stauffenberg, die vor und während des 20. Julis 1944 genauso ihr Leben riskierte, um ihren Werten treu zu bleiben, wie die herausragenden und bekannten Persönlichkeiten des Hitler-Attentats.

Auch Helmut Schmidt hat durch Handlungen Freimut und eine große Wertgebundenheit bewiesen: Die Entführung von Hans Martin Schleyer und die Entführung der Landshut-Maschine stellten ihn vor eine unglaublich schwierige und vor allen Dingen nicht mehr zu revidierende Wertentscheidung. In solchen Momenten legt sich, wie ich finde, das wahre Ich eines Menschen frei. Helmut Schmidt hätte sich durch Nichthandeln aus einer unglaublich schwierigen Situation „retten" können. Er hat aber entschieden, gehandelt und durch seine Entscheidung den Tod eines Menschen in Kauf genommen. Er hat immer die Verantwortung dafür übernommen und hat ein rechtstaatliches Prinzip zum Gesamtwohl über sein eigenes Wohlergehen gestellt.

Menschen, die für ihre Werte Opfer bringen, halte ich für vorbildhaft, ebenso wie Menschen, die Zivilcourage zeigen und bereit sind, nein zu sagen, selbst wenn sich alle gegen sie richten. Und diese Haltung fängt im Kleinen an. ▬

VER
TRAUEN

DR. HANS-DIETER HEUMANN

„Vertrauen ist nicht nur eine moralische Kategorie, die für die Menschen abstrakt bleibt."

Dr. Hans-Dieter Heumann ist ehemaliger Präsident der Bundesakademie für Sicherheitspolitik in Berlin und deutscher Botschafter a. D. Er war u. a. an den Deutschen Botschaften in Washington DC, Moskau und Paris eingesetzt sowie im Leitungs- und Planungsstab des Auswärtigen Amtes. Er lehrte an der Universität Bonn und veröffentlicht über Fragen der internationalen Politik.

Ohne Vertrauen funktionieren weder persönliche Beziehungen noch Gesellschaft, auch nicht die Wirtschaft.

Welche Werte haben für Sie besondere Bedeutung und warum?

Die Wertekommission hat Vertrauen zu Recht als ihren obersten Wert gewählt. Vertrauen ist nicht nur eine moralische Kategorie, die für die Menschen abstrakt bleibt. Ohne Vertrauen funktionieren weder persönliche Beziehungen noch Gesellschaft, auch nicht die Wirtschaft.

Meine eigenen Erfahrungen sind die eines Diplomaten. Ich begegne oft dem Missverständnis, dass der Erfolg eines Diplomaten vor allem in seinem taktischen Geschick liegt. Nein. Sie haben Erfolg, wenn sie selbst und ihr Wort ein gewisses Gewicht haben. Hierauf beruht auch ihr Einfluss. Dieses Gewicht aber haben sie nur, wenn sie glaubwürdig sind. Glaubwürdigkeit ist die Voraussetzung dafür, Vertrauen aufzubauen. Ich habe diesen Zusammenhang im Übrigen in meiner Biografie des wohl erfolgreichsten deutschen Diplomaten der Bundesrepublik Deutschland beschrieben, des im letzten Jahr verstorbenen Hans-Dietrich Genscher.

Mit welchen Werten kann ein Unternehmen langfristig erfolgreich am Markt agieren? Bringt Wertschätzung auch Wertschöpfung?

Die Betonung liegt auf „langfristig". Eines haben vor allem börsennotierte Unternehmen und die Politik gemeinsam: die Kurzfristigkeit.

Gewinnmaximierung ist eine kurzfristige Perspektive, die nächsten Wahlen auch. Politiker benötigen schnelle Erfolge. Manche Unternehmer ebenfalls. Dies motiviert nicht unbedingt zu verantwortlichem Handeln. Verantwortung besteht darin, angesichts mancher Fehlentwicklungen der Globalisierung nachhaltige Entscheidungen zu treffen. Der Philosoph Hans Jonas hat in seinem Werk „Das Prinzip Verantwortung" diesen Zusammenhang analysiert. Langfristig macht verantwortliches Handeln Unternehmen glaubwürdig. Dann werden sie geschätzt. Das bringt auch Wertschöpfung.

Die Digitalisierung schreitet voran. Brauchen wir neue Werte in unserer neuen digitalen Welt, die gerade mit einer unglaublichen Schnelligkeit unser aller Leben verändert?

Digitalisierung hat einen Januskopf. Sie bringt Chancen und Risiken mit sich. Immer muss beides gesehen werden. Einerseits sind Informationen unbegrenzt verfügbar. Sie sind andererseits aber nur dann ein Gewinn an Erkenntnis, wenn sie ausgewählt und interpretiert werden. Erkenntnis ist der Wert, nicht die Information selbst.

Die Verbindung von Digitalisierung und Industrie erhöht die Produktivität. Es wird aber nicht nur Gewinner, sondern auch Verlierer geben. Neue Werte werden nicht gebraucht, die alten Werte aber müssen Gültigkeit unter neuen Bedingungen behalten. Der wichtigste hierunter: Urteilsfähigkeit.

Werteerziehung gehört zu den großen Herausforderungen unserer Zeit. Mit welchen Wertvorstellungen gehen junge Menschen heute ins Leben und sind diese Wertvorstellungen zukunftsfähig?

Ich habe keine Studien parat, aber ich habe mit jungen Menschen gesprochen. Es gibt unter jungen Menschen offenbar eine Sehnsucht danach, auf etwas vertrauen zu können, einen Halt zu haben. Sie misstrauen teilweise dem politischen System. Sie scheinen Autoritäten zu suchen, was sie manchmal auch zum Populismus verführt. Marine Le Pen hatte viele junge Wähler.

Junge Menschen wissen im Zeitalter „post truth" nicht mehr, was falsch oder richtig, gut oder böse ist. Wahrheit wird zum höchsten Gut. Junge Menschen wollen Wahrheit, auch wenn es diese vielleicht nicht gibt. Deshalb ist Bildung der Schlüssel der Zukunft. Werteerziehung ist ein Teil davon. Für den Standort

Deutschland spielt das eine wichtige Rolle und zum Glück haben die Parteien das erkannt und der Bildung einen Platz in ihren Wahlprogrammen eingeräumt. Immer noch haben nicht alle Menschen die gleichen Chancen, Zugang zur Bildung zu erhalten. Das ist eines unser großen Zukunftsthemen.

Korruption, Ränkeschmiede, Vetternwirtschaft: ein Blick auf die globalisierte Welt stärkt nicht gerade das Vertrauen in funktionierende Wertesysteme. Wie können wir in unserer alles andere als perfekten Welt Werte erfolgreich leben?

Dieses Problem kann nicht unterschätzt werden. Die Globalisierung ist in einer Vertrauenskrise. Sie hat Gewinner und Verlierer hervorgebracht. Deshalb hat sie auch in westlichen Gesellschaften, in den USA, in europäischen Staaten, heftige Reaktionen hervorgerufen. Der Populismus ist letztlich eine Reaktion auf die Globalisierung. Korruption zerfrisst ganze Gesellschaften, nicht nur in der sogenannten Dritten Welt. Steuerflucht und -vermeidung nagt an der Glaubwürdigkeit auch westlicher Eliten und politischer Systeme. Die organisierte Kriminalität profitiert von der Globalisierung.

Auch wenn dieses Bild zu düster sein mag, soll es belegen, dass die globalisierte Welt vor allem eines braucht: Schonungslose Aufklärung über Fehlentwicklungen und Ungerechtigkeiten. Nur so kann Vertrauen wiederhergestellt werden. Hieran sollten sich auch Unternehmen beteiligen. Aufklärung verlangt Bildung. Der Kreis schließt sich.

Welche Persönlichkeit des öffentlichen Lebens hat für Sie wirklich Vorbildfunktion und wenn ja, warum?

Da muss ich passen. Lassen Sie mich Immanuel Kant zitieren: „Sapere aude". Habe Mut, Dich Deines eigenen Verstandes zu bedienen! Womit wir wieder bei der Aufklärung wären. Vorbilder können Orientierung geben. Sicherheit in einer sich schnell verändernden Welt aber entsteht auf der Grundlage von eigener Urteilskraft.

Die Wertekommission hat Recht: Vertrauen ist der oberste Wert. Vertrauen kann aber nur entstehen, wenn die Welt transparenter wird. Hierzu können auch Unternehmen beitragen. Sie gewinnen so Glaubwürdigkeit. Warum sollten nicht auch Unternehmen eine Vorbildfunktion ausüben. ▬

DR. HANS-DIETER HEUMANN

TOLE RANZ & OFFEN HEIT

ANKE ODRIG

„Zusammenhalt, auch in schwierigen Zeiten, die Betonung von Gemeinsamkeiten statt Unterschieden, Toleranz und Teamwork sind für mich die Grundpfeiler von funktionierenden Gesellschaften, Familien und Unternehmen."

Anke Odrig ist Gründerin und Geschäftsführerin der LITTLE BIRD GmbH und eine der wenigen Frauen, die in den vergangenen Jahren ein von technischen Innovationen getriebenes Start-up gegründet haben. Nach dem Studium arbeitete Odrig zunächst bei einem Versicherungskonzern und einem führenden Softwarehaus. Geprägt durch ihre beruflichen Erfahrungen, stellte sie bei der nervenaufreibenden Suche nach einem Kitaplatz fest, dass es in diesem Bereich enormen Bedarf an Transparenz und technologiebasierter Vernetzung gab. Die systematische Auseinandersetzung mit diesem Thema ermutigte sie dazu, im Jahr 2009 die LITTLE BIRD GmbH zu gründen, die inzwischen über 30 Mitarbeiterinnen und Mitarbeiter beschäftigt. Für ihr Engagement wurde Odrig im Jahr 2010 als Gründerin des Jahres vom Business Angels Club Berlin Brandenburg ausgezeichnet. In der Kategorie „Aufsteiger" kam sie 2015 in die Runde der Finalisten des Deutschen Gründerpreises.

Welche Werte haben für Sie besondere Bedeutung und warum?

Zusammenhalt, auch in schwierigen Zeiten, die Betonung von Gemeinsamkeiten statt Unterschieden, Toleranz und Teamwork sind für mich die Grundpfeiler von funktionierenden Gesellschaften, Familien und Unternehmen. Ich respektiere und schätze andere Lebensmodelle, Vorstellungen und Wünsche und versuche, das sowohl meinen Kindern als auch meinen Mitarbeiterinnen und Mitarbeitern täglich vorzuleben. Ich bemühe mich immer, nicht zu urteilen, sondern zu ergründen und zu verstehen, was andere bewegt. Wenn ich das nicht mache, schotte ich mich ab und verpasse viele Impulse, gute Ideen und offene Momente. Meiner Meinung nach ist aber ohne Interesse, Toleranz und Offenheit kaum Entwicklung – auch persönliche Entwicklung – möglich.

Mit welchen Werten kann ein Unternehmen langfristig erfolgreich am Markt agieren? Bringt Wertschätzung auch Wertschöpfung?

Wertschätzung ist eines der wichtigsten Dinge, um Wertschöpfung sicher zu stellen. Ohne Wertschätzung kann ein Unternehmen kaum verlangen, dass die Mitarbeiterinnen und Mitarbeiter motiviert sind oder bleiben. Auch von Kunden kann man nicht erwarten, dass sie sich konstruktiv und langfristig an ein Unternehmen und seine Produkte binden, wenn sie keine Wertschätzung erfahren. Wir nennen das bei uns im Unternehmen Respekt und haben das für uns und nach außen ganz klar definiert: „Respekt geht bei LITTLE BIRD in alle Richtungen und kennt keine Hierarchie. Wir stehen auf Ehrlichkeit, Verlässlichkeit und Loyalität."

Die Digitalisierung schreitet voran. Brauchen wir neue Werte in unserer neuen digitalen Welt, die gerade mit einer unglaublichen Schnelligkeit unser aller Leben verändert?

Digitale Angebote erweitern unsere Möglichkeiten der Kommunikation und der Organisation. Ich sehe sie als reine Werkzeuge, die Dinge des täglichen Lebens vereinfachen können. Ich finde, man darf keine Angst davor haben, dass die Digitalisierung das Leben verändert, sondern kann das positiv und als große Chance sehen. Um digitale Angebote zu nutzen, braucht es auch keine völlig neuen und zusätzlichen Werte, sondern die bestehenden Werte, wie eben zum Beispiel Respekt, Toleranz, Empathie und Ehrlichkeit, müssen auf die Digitalisierung übertragen werden – und das konsequent, denn sonst macht die Digitalisierung den Menschen Angst. Viele haben zum Beispiel Angst davor, durch neue Technologien an ihrem Arbeitsplatz überflüssig zu werden. Und tatsächlich gibt es Stellen, die durch digitale Services leicht zu ersetzen wären. Das wird kommen, und deshalb plädiere ich auch hier dafür, den Menschen neue Perspektiven anzubieten, damit die Digitalisierung wirklich als Fortschritt und Chance und nicht als Kontrollverlust wahrgenommen werden kann.

Werteerziehung gehört zu den großen Herausforderungen unserer Zeit. Mit welchen Wertvorstellungen gehen junge Menschen heute ins Leben und sind diese Wertvorstellungen zukunftsfähig?

Ich kann das nicht allumfassend beurteilen. Ich merke in meinem Umfeld, dass die jüngeren Leute, die in meinem Unternehmen arbeiten, höhere Ansprüche an mich als Arbeitgeberin, ihren Arbeitsplatz und die Ausgestaltung ihres Arbeitslebens haben. Aber auch hier: Die Gesellschaft verändert sich, alte Strukturen brechen auf, neue bilden sich, alles fließt. Ich kann verstehen, dass meine Mitarbeiter, die ein Pendlerleben führen und täglich über 100 Kilometer zurücklegen müssen, flexiblere Arbeitszeiten oder die Möglichkeit für Homeoffice einfordern. Ich kann verstehen, dass junge Väter ihre Elternzeit nehmen möchten, weil sie Zeit mit ihren Babys verbringen wollen. Ich habe nichts dagegen, dass Menschen ihr Arbeitsleben passend zur individuellen Lebenssituation gestalten wollen. Ich kann aber nicht feststellen, dass die grundlegenden Werte, wie Loyalität, Zusammenhalt und Verantwortungsbewusstsein dadurch abnehmen. Im Gegenteil. Meine Mitarbeiterinnen und Mitarbeiter sind mit mir gemeinsam durch schwierige Zeiten gegangen, und wir haben gemeinsam Krisen gemeistert. Das hat uns alle gestärkt und viel weiter gebracht, als wir alle individuell und gemeinsam erwartet hätten.

Korruption, Ränkeschmiede, Vetternwirtschaft: ein Blick auf die globalisierte Welt stärkt nicht gerade das Vertrauen in funktionierende Wertesysteme. Wie können wir in unserer alles andere als perfekten Welt Werte erfolgreich leben?
Es ist schwierig für mich, das so global zu beurteilen. Ich bleibe da gerne bei mir selbst und meinem Umfeld. Meiner Meinung nach, kann ich als Unternehmerin, Frau und Mutter am besten mein direktes Umfeld wertvoll beeinflussen, indem ich mich selbst an die Dinge halte, die ich auch von anderen erwarte. Natürlich ist da immer ein Risiko dabei, dass ich enttäuscht oder getäuscht werde. Diese Erfahrungen bleiben aber niemandem erspart.

Was du aussendest, kommt zu dir zurück.

Ob man sich verschließt oder öffnet, ob man ehrlich ist oder andere austrickst, es gibt auf der anderen Seite immer Menschen, die ihre eigene Wirklichkeit haben und danach handeln. Ich halte mich gerne an den Spruch: „Was du aussendest, kommt zu dir zurück." Den habe ich schon von meinen Großeltern gehört und schon an meine Kinder weitergegeben.

Welche Persönlichkeit des öffentlichen Lebens hat für Sie wirklich Vorbildfunktion und wenn ja, warum?
Mich beeindrucken immer Menschen, die ihre Ideen verwirklichen und dabei ihren Idealen treu bleiben. Ich bin ein großer Fan der Sängerin und Musikerin Adele. Vor ein paar Monaten war ich bei ihrem Konzert in London, dem letzten, bevor sie ihre Tournee wegen Stimmproblemen abbrechen musste. Ich finde, nachdem was man über sie erfahren kann, dass sie eine sehr sympathische, natürliche und authentische Person ist. Sie schützt sich und ihre Familie, kennt ihre Grenzen, geht verantwortungsvoll mit sich und ihrem Talent um. Als sie 2016 in Berlin war, wurde sie mit ihrem kleinen Sohn auf einer Picknickdecke im Park gesichtet. Ganz unspektakulär. Ich mag es, wenn man einfach tut, was man kann und was man am besten kann, aber ohne sich darüber hinaus ständig präsentieren zu müssen. ▬

RES
PEKT

━━━━ PROF. DR. BURKHARD SCHWENKER

„Einer der wichtigsten Werte ist für mich Respekt, weil ich damit eine Dualität verbinde: Nur wer Respekt vor seiner Aufgabe hat, überschätzt sich nicht. Und nur wer Menschen respektiert, kann Menschen ordentlich führen."

Prof. Dr. Burkhard Schwenker ist seit Juli 2015 Chairman of the Advisory Council von Roland Berger. Zuvor war er Vorsitzender des Aufsichtsrats und langjähriger CEO des Unternehmens. Burkhard Schwenker ist Mitglied in den Aufsichtsräten der Hamburger Hafen und Logistik AG, der Hamburger Sparkasse AG, der HENSOLDT Holding GmbH, der Flughafen Hamburg GmbH sowie der M.M. Warburg KGaA. Er lehrt an der HHL Leipzig Graduate School of Management strategisches Management. Daneben engagiert sich Burkhard Schwenker in gesellschaftspolitischen Institutionen. Von 2010 – 2019 war er stellvertretender Vorsitzender der Atlantik-Brücke e. V. und ist heute u. a. Vorsitzender des Kuratoriums der Zeit-Stiftung, Vorsitzender des Aufsichtsrats der Symphoniker Hamburg sowie Mitglied in den Kuratorien bzw. Präsidien des Senats der Wirtschaft e. V. und der Wertekommission – Initiative Werte Bewusste Führung e. V.

Welche Werte haben für Sie besondere Bedeutung und warum?

Einer der wichtigsten Werte ist für mich Respekt, weil ich damit eine Dualität verbinde: Nur wer Respekt vor seiner Aufgabe hat, überschätzt sich nicht. Und nur wer Menschen respektiert, kann Menschen ordentlich führen.

Respekt – und die damit verbundene Dualität – ist mir auch deswegen wichtig, weil gerade dieser Wert die Anforderungen an Führungskräfte reflektiert: „A cool head, a warm heart, and working hands." Der „kühle Kopf" steht für die Fähigkeit, Herausforderungen richtig einzuschätzen (oder Respekt davor zu haben), das „warme Herz" steht dafür, dass man Menschen mögen muss, wenn man sie verantwortlich führen will (oder sie zumindest respektiert, jeden einzelnen), und die „working hands" stehen dafür, sich zum Anpacken nicht zu schade zu sein.

Werte werden durch Persönlichkeiten transportiert.

Mit welchen Werten kann ein Unternehmen langfristig erfolgreich am Markt agieren? Bringt Wertschätzung auch Wertschöpfung?

Werte werden durch Persönlichkeiten transportiert. Deshalb ist mir die Zielgruppe der Führungskräfte auch so wichtig. Ein Unternehmen oder eine Institution selbst kann das nicht – sondern nur die

PROF. DR. BURKHARD SCHWENKER

Menschen, die für diese Unternehmen oder Institutionen stehen. Zwar hat jedes Unternehmen heute einen Wertekanon, in aller Regel schön formuliert und häufig auch offensiv kommuniziert, aber ob diese Werte mehr wert sind als schöne Worte, zeigt sich nur am Verhalten der Führungskräfte. Stehen sie dazu, führen sie auch danach, ziehen sie Konsequenzen, wenn jemand (oder sie selbst) gegen diesen Wertekanon verstößt? Haben sie ein Gespür dafür, wann aus vermeintlich unternehmerischem Vorgehen Opportunismus wird? Denn klar ist: Die Welt ist nicht schwarz-weiß; gerade in den Grauzonen zeigt sich, ob Werte etwas wert sind. Denn selbstverständlich kann man sich jede Entscheidung schönreden.

Ein Beispiel: In nahezu jedem Wertekanon steht zu Recht, dass nur Mitarbeiter befördert werden sollen, die sich zu diesem Kanon bekennen und danach handeln. Aber was macht man, wenn ein Mitarbeiter ein exzellenter Verkäufer und wichtig für das Unternehmen ist, zugleich aber menschlich unzureichende Qualitäten aufweist? Wenn es dem Unternehmen gut geht, fällt die Entscheidung gegen einen solchen Mitarbeiter leicht. Aber was ist, wenn das Unternehmen gerade eine schwierige Phase durchläuft und der Verlust des Mitarbeiters existentielle Probleme mit sich bringen könnte? Trotzdem befördern, um kurzfristigen Schaden für das Unternehmen und damit für alle Mitarbeiter abzuwenden? Oder konsequent sein und nicht befördern, selbst wenn das dazu führen kann, dass der oder die Betreffende das Unternehmen verlässt? Oder anders gefragt: Kann ich es mir als Führungskraft leisten, meinem Umfeld durch eine Entscheidung für diesen Mitarbeiter zu signalisieren, dass mein Wertegerüst nicht mehr zählt, sobald es eng wird?

Die Antwort ist klar, auch wenn sie nicht einfach zu treffen ist: Nein, das kann man sich nicht leisten. Gerade ich solchen Situationen dürfen keine Kompromisse gemacht werden! Denn ein solches Verhalten richtet einen Kollateralschaden an, der gar nicht schwer genug eingeschätzt werden kann. Mit einer einzigen Entscheidung vernichten wir alles an Wertvorstellungen, was wir mühevoll aufgebaut haben. Aber gleichzeitig liegt in dieser Konsequenz auch eine große Chance, denn nichts macht Werte stabiler als richtige, wertebasierte Entscheidungen in schwierigen Situationen.

Die Digitalisierung schreitet voran. Brauchen wir neue Werte in unserer neuen digitalen Welt, die gerade mit einer unglaublichen Schnelligkeit unser aller Leben verändert?

Nein, wir brauchen keine neuen oder anderen Werte, denn unsere Werte sind universell. Es hat in der Geschichte der Menschheit immer wieder große Umbrüche und Krisen gegeben, aber die Werte haben dennoch ihre Bedeutung behalten. Das gilt auch für die Digitalisierung.

Allerdings stimmt auch: Die Digitalisierung verändert unsere Kommunikation, zum Guten wie zum Schlechten. Ein Beispiel hierfür ist ein sogenannter Shitstorm. Ich selbst habe zwei erlebt und weiß deswegen, dass das alles andere als angenehm ist. Und trotzdem glaube ich nicht, dass die Menschen vor der Digitalisierung anders gedacht haben. Nur damals fanden Beleidigungen, Schmähungen oder auch Bedrohungen an Stammtischen, auf Versammlungen oder in Leserbriefen statt. Das hat diszipliniert, denn die Äußerungen konnten zugeordnet werden. Das Internet bietet nun die Möglichkeit der anonymen Kommunikation – was offensichtlich dazu führt, dass alle Regeln von Maß und Anstand über Bord geworfen werden. Deswegen brauchen wir eine „Ethik für das Internet" – und zwar basierend auf den Werten, die schon immer richtig waren: Verantwortung, Integrität, Mut und vor allem: Respekt!

Die Digitalisierung verändert unsere Kommunikation, zum Guten wie zum Schlechten.

Das ist nicht einfach – aber genauso richtig ist, dass uns die Digitalisierung ganz andere Möglichkeiten schafft, um Menschen von der Bedeutung der Werte zu überzeugen. Wir können anders kommunizieren, viel direkter, anschaulicher, emotionaler, anlassbezogener. Allerdings müssen wir das auch tun, und zwar nicht nur digital. Wenn Maß und Anstand verloren gehen, wenn Werte erodieren, dann bringt es nichts, in hochwertigen Foren auf hohem intellektuellem Niveau über Werte zu diskutieren – also von Bekehrten zu Bekehrten. Wir müssen diese geschützten Räume verlassen, einen breiten gesellschaftlichen Dialog suchen und dabei eine klare Linie aufzeigen, wenn es um Werte geht. „Besorgte Bürger" nicht zu verstehen, sondern eine rote Linie ziehen, wenn aus Protest Rechtsradikalismus wird. Das ist nicht immer einfach und nicht angenehm, wie ich bei der einen oder anderen Veranstaltung dieser Art feststellen durfte. Aber am Ende einer solchen Diskussionsrunde hat man das Gefühl, etwas bewirkt zu haben und erste Schritte in die richtige Richtung gegangen zu sein.

Werteerziehung gehört zu den großen Herausforderungen unserer Zeit. Mit welchen Wertvorstellungen gehen junge Menschen heute ins Leben und sind diese Wertvorstellungen zukunftsfähig?

Ich glaube nicht, dass junge Menschen heute mit ganz anderen Wertvorstellungen ins Leben gehen als wir damals. Jedenfalls nicht, wenn es um so grundlegende Werte geht wie die, die die Wertekommission vertritt. Aber Werte müssen heute wahrscheinlich noch stärker gefestigt werden, denn die Vielfalt an Meinungen und auch an schlechten Beispielen ist heute viel größer – eben auch durch das Internet. Hier ist das Elternhaus gefragt, aber auch die Schule und die Universitäten. Ich finde es gut, dass Ethik mittlerweile an vielen Universitäten und Business Schools ein Pflichtfach geworden ist. Aber wir können noch mehr machen: Wenn es wirklich etwas bringen soll, darf nicht nur der Lehrplan abgehakt werden, sondern Werte müssen in jeder Vorlesung, in jeder Disziplin thematisiert werden. Ich bemühe mich in meinen Vorlesungen jedenfalls, genau das zu tun – und ich habe den Eindruck, dass es auch etwas bringt, gerade weil man Werte sozusagen „am Fall" ganz zielgerichtet problematisieren kann.

Die grundlegende Werteerziehung findet für mich aber trotzdem immer noch im Elternhaus statt. Und hier liegt ein Problem, denn wenn eine Generation ohne klare Verhaltensregeln oder mit einem eingeschränkten Wertekanon aufwächst, kann sie Werte nicht mehr richtig an die nächste Generation weitergeben. Denkt man dieses Modell zu Ende, gehen Veränderungen zum Positiven auch über eine umfassende Erwachsenenbildung in Sachen Werte. Und diese findet vor allem am Arbeitsplatz statt. Deswegen ist die Arbeit der Wertekommission so wichtig. Denn eine wertebasierte Führung und die entsprechende Anleitung von Mitarbeitern ist ein entscheidender Baustein für gesellschaftliche Stabilität.

Länder mit geringer Korruption stehen in der Regel deutlich besser da und weisen eine höhere soziale Stabilität auf.

Korruption, Ränkeschmiede, Vetternwirtschaft: ein Blick auf die globalisierte Welt stärkt nicht gerade das Vertrauen in funktionierende Wertesysteme. Wie können wir in unserer alles andere als perfekten Welt Werte erfolgreich leben?

Wichtig ist, dass wir das Bild nicht zu schwarzmalen. Natürlich wäre es blauäugig zu glauben, dass es keine Korruption oder Vetternwirtschaft gibt. Aber es gibt auch große Fortschritte: Die breite Diskussion über Compliance beispielsweise hat dazu geführt, dass Korruption zumindest in der westlichen Welt kaum noch eine Rolle spielt. Und das ist gut so, denn alle Zahlen zeigen, dass es eine hohe Korrelation zwischen Korruption und wirtschaftlichem Erfolg eines Landes gibt: Länder mit geringer Korruption stehen in der Regel deutlich besser da und weisen eine höhere soziale Stabilität auf.

Genau hier müssen wir weitermachen, auf staatlicher Ebene, wenn es beispielsweise um Entwicklungshilfe geht, aber natürlich auch in den Unternehmen, wenn es um Geschäfte in Regionen geht, die nicht „complient" sind. Wichtig ist es, sich und sein Verhalten immer wieder selbst zu hinterfragen und aufzumerken, sobald man anfängt opportunistisch zu handeln. Das hatten wir oben schon – Korruption geht gar nicht!

Für mich gibt es in diesem Zusammenhang aber noch ein Thema, das über allem steht und die Bedeutung von Werten unterstreicht: Ungewissheit! Auch objektiv betrachtet wird es immer schwieriger, ein klares Bild der Lage zu gewinnen, denn technologische Sprünge werden immer dynamischer, Risiken größer, globale Verwicklungen komplexer. Und mehr noch: Zusammenhänge sind längst nicht mehr so eindeutig wie früher, Bedrohungen nicht immer sofort erkennbar, Freund und Feind nicht immer einfach zu unterscheiden. Jederzeit können neue, unerwartete Entwicklungen eintreten und bewährte Vorgehensweisen in Frage stellen.

Die Konsequenzen daraus sind erheblich, vor allem für die Führung. Konnten wir früher über Pläne und Zahlen führen – das ist unsere Strategie, das wollen wir erreichen, deswegen sind wir so organisiert –, geht das heute nicht mehr, denn jeder Plan kann schon morgen obsolet sein. Aber nicht zu kommunizieren ist auch keine Alternative, denn damit geht Orientierung verloren. Was schon deswegen ein Problem ist, weil das Bedürfnis nach Orientierung in unserer immer komplexer werdenden Welt ständig steigt.

Die einzige Möglichkeit, mit diesem Dilemma umzugehen, sind starke Führungspersönlichkeiten, denen die Mitarbeiter vertrauen können. Anders gesagt: Führung wird wieder persönlicher, denn wenn ich keine Orientierung mehr in einem System oder einer Planung finde, sind Führungskräfte der wichtigste Anker. Und damit die Werte, für die eine Führungskraft steht: Verlässlichkeit, Mut, der unbedingte Wille, trotz aller Ungewissheit das Beste für das Unternehmen tun zu wollen. Genau deswegen wird die Bedeutung von Werten oder einer wertorientierten Führung steigen – und damit auch die Bedeutung, die die Wertekommission einnehmen kann.

Welche Persönlichkeit des öffentlichen Lebens hat für Sie wirklich Vorbildfunktion und wenn ja, warum?
Ich tue mich mit Vorbildern immer schwer, auch weil die Anforderungen an das Vorbild so groß sind – wer verhält sich schon immer vorbildhaft?

Ich möchte deswegen, wenn ich die Frage beantworten muss, eine Kommission nennen, also eine Gruppe von Menschen, die als Gremium wirklich vorbildlich gewirkt und Unglaubliches geleistet hat. Ich meine die Kommission, die vor nunmehr 70 Jahren das Grundgesetz der Bundesrepublik Deutschland erarbeitet hat. Ich habe großen Respekt vor diesen Menschen, die sich damals, nach den furchtbaren Erfahrungen der Nazi-Zeit und des Zweiten Weltkriegs, zusammengefunden haben, um dem neuen Deutschland eine neue Verfassung zu geben. Diese Kommission hat es geschafft, aus den Trümmern heraus so abstrakt zu denken und Entwicklungen zu antizipieren, die Deutschland zu dem gemacht haben, was es heute ist. Diese Menschen hatten klare Wertvorstellungen und haben um diese Werte gerungen. Mehr Wertorientierung geht nicht! ▬

ERTRAUEN

CHRISTINE GRAEFF

„Wir leben in einer immer komplexer werdenden Welt, in der wir uns mehr denn je auf die fachliche Kompetenz von Experten verlassen müssen. Heutzutage ist keiner mehr in der Lage, alle relevanten Zusammenhänge und Interdependenzen zu verstehen. Daher ist der wichtigste Wert für mich Vertrauen."

Christine Graeff verantwortet als Generaldirektorin seit 2013 die Kommunikation der Europäischen Zentralbank (EZB). Von 2001 bis 2012 arbeitete Frau Graeff für die Brunswick Group, wo sie als Partnerin das Deutschlandgeschäft auf- und ausbaute, mit Aufgabenschwerpunkt auf der Kommunikationsarbeit für Unternehmen im Finanzsektor. Ihre berufliche Laufbahn begann sie als Investmentbankerin im Corporate Finance Team von Kleinwort Benson, nachdem sie zuvor ihren Abschluss in European Business Administration von der European Partnership of Business Schools erworben hatte. 2015 wurde ihr von der Middlesex University die Ehrendoktorwürde verliehen. Sie ist Mitglied des Verwaltungsrats von TalentNomics, einer gemeinnützigen Organisation, die Frauen in Führungspositionen unterstützt und sich für deren Empowerment einsetzt. Sie ist im Vorstand Oper Frankfurt, im Kuratorium des Global Teacher Prize wie auch des World Economics Forum of Young Global Leaders und unter anderem der Initiative GenCEO. 2017 übernahm sie außerdem den Vorsitz für den Vorstand des English Theatre Frankfurt.

Vertrauen basiert für mich auf den grundlegenden Werten Ehrlichkeit, Glaubwürdigkeit und Verlässlichkeit.

Welche Werte haben für Sie besondere Bedeutung und warum?

Wir leben in einer immer komplexer werdenden Welt, in der wir uns mehr denn je auf die fachliche Kompetenz von Experten verlassen müssen. Heutzutage ist keiner mehr in der Lage, alle relevanten Zusammenhänge und Interdependenzen zu verstehen. Daher ist der wichtigste Wert für mich Vertrauen. Das gilt natürlich auch für die Europäische Zentralbank (EZB). Wir sind eine Institution, die auf Expertenwissen beruht.

Vertrauen basiert für mich auf den grundlegenden Werten Ehrlichkeit, Glaubwürdigkeit und Verlässlichkeit. Und all das gründet sich auf einer freiheitlichen Gesellschaftsordnung. Allerdings ist die Freiheit ein Wert, der immer in einen Rahmen eingebettet werden sollte, der ein respektvolles und tolerantes Miteinander gewährleistet. Respekt und Anstand scheinen mir zunehmend im öffentlichen Diskurs, auch bei Mandatsträgern, leider zu schwinden. An die verbalen Hemmungslosigkeiten in sozialen Medien und Onlineforen und die Verrohung der Sprache haben wir uns ja schon fast gewöhnt. Das halte ich für sehr bedenklich. Denn, wie das chinesische Sprichwort sagt, „Achte auf deine Worte, denn sie werden deine Taten".

Auch bei der Berichterstattung über die EZB finden verbale Grenzüberschreitungen statt. Die Freiheit des Wortes hat nun einmal Nebenwirkungen. Gerade deshalb sollten wir noch aufmerksamer und auch wehrhafter sein.

Mit welchen Werten kann ein Unternehmen langfristig erfolgreich am Markt agieren? Bringt Wertschätzung auch Wertschöpfung?

Wenn Waren und Dienstleistungen nachgefragt werden und mit Geld bezahlt werden zeugt dies von Markterfolg, also Wertschätzung, zumindest kurzfristig. Wer sich jedoch langfristig im Markt behaupten will, braucht verlässliche Kundenbeziehungen, eine Vertrauensbasis zu Mitarbeitern und gesellschaftliche Akzeptanz. Hierbei spielen die Werte des Managements eine wichtige Rolle. Wie in allen dauerhaften Beziehungen spielen Ehrlichkeit, Wahrhaftigkeit und Glaubwürdigkeit eine essentielle Rolle, um diese Werte zu leben und zu erhalten. Ein Beispiel hierfür ist der Kaffeehandel. Produkte die unter dem FAIRTRADE-Zeichen gehandelt werden, haben einen Mehrwert für alle, denn hier stimmt die Qualität, weil nicht der letzte Cent aus den Produzenten herausgepresst wird und die Verträge auf respektvollen und fairen Geschäftsbeziehungen basieren.

Das Edelman Trust Barometer hat für 2018 eine interessante Zahl veröffentlicht. Demnach sind 56 Prozent der Befragten der Meinung, dass Unternehmen, die nur an sich und ihre Profite denken, zwangsläufig scheitern werden.

Dies zeigt, wie sehr das Thema die Bürger und Konsumenten beschäftigt. In dem Zusammenhang auch relevant ist das Spannungsfeld zwischen Ethik und Compliance/Regeltreue.

Ethisches Fehlverhalten im Wirtschaftsgebaren hat zu einem breiten Ausbau und einer Verdichtung der Compliance Regeln geführt. Aber die juristische Sanktionierung von Fehlverhalten durch 1000 neue Vorschriften und Verbote bringt nicht notwendigerweise ethisches Wohlverhalten hervor. Wenn sich alle nur auf das fokussieren, was gerade noch erlaubt ist, rückt die Frage in den Hintergrund, wie ich im kantschen Sinne verantwortungsvoll handeln sollte. Gerade in der Finanzbranche haben wir inzwischen viele Regulierungen, sodass die Selbstreflexion nicht mehr in der Form stattfindet, wie es für alle Seiten sinnvoll wäre. Anstand kann man nicht herbeiregulieren.

CHRISTINE GRAEFF

Unternehmenskultur und Geschäftsstrategie müssen in Einklang stehen. Eine Diskrepanz zwischen beiden stellt ein zunehmendes Risiko dar und ist daher immer öfter ein Thema auf Vorstandsebene. Aus den Zielen und Leitbildern eines Unternehmens müssen sich schlüssig die Werte und Prinzipien ableiten lassen, die die Verhaltensweisen im Unternehmen – vom Vorstand bis zum Praktikanten – bestimmen.

Steht jedoch die Eigenkapitalrendite letzten Endes im Vordergrund, muss sich keiner wundern, wenn Mitarbeiter die Grenzen der Regeln testen und vielleicht sogar überschreiten. Wenn sich erst einmal eine schlechte Kultur ausgebreitet hat, sind Korrekturen schwierig.

Die Digitalisierung schreitet voran. Brauchen wir neue Werte in unserer neuen digitalen Welt, die gerade mit einer unglaublichen Schnelligkeit unser aller Leben verändert?

Wir brauchen keine neuen Werte, sondern müssen die vorhandenen Werte nur auf eine sich ständig wandelnden Welt übertragen. Tiefgreifende Veränderungen hat es schon immer gegeben, und wie Barack Obama in einem Interview mit Prinz Harry einmal sagte: Wenn man sich einen Moment in der Geschichte aussuchen könnte, in dem man gerne leben würde, würde man heute wählen, weil die Welt noch nie gesünder, wohlhabender, besser gebildet, toleranter und weniger gewalttätig war wie heute.

Wer also skeptisch in die Zukunft blickt, sollte sich erst einmal mit der Vergangenheit, aber auch mit den immer wieder fehlerbehafteten Zukunftseinschätzungen auseinandersetzen. Prognosen sind mit Vorsicht zu genießen. Steve Ballmer von Microsoft sagte zum Beispiel vor etwa zehn Jahren, dass das iPhone keine Chance habe, einen nennenswerten Marktanteil zu generieren. Wie es gekommen ist, wissen wir alle.

Traditionelle Werte wie Demut und Bescheidenheit werden immer ihre Berechtigung haben, auch wenn sich unser Leben durch die Digitalisierung verändert. Die Ungewissheit ist unser ständiger Begleiter, doch das war schon immer so. Was wir brauchen, ist jedoch ein besseres Verständnis für die eigene Fehlbarkeit. Fehler sind unvermeidlich, doch sie helfen uns zu lernen.

Werteerziehung gehört zu den großen Herausforderungen unserer Zeit. Mit welchen Wertvorstellungen gehen junge Menschen heute ins Leben, und sind diese Wertvorstellungen zukunftsfähig?

Ethisches Verhalten resultiert nicht zuletzt aus Erziehung und Vorbild. Daher ist es so wichtig, dass bereits im Elternhaus und in der Schule darauf geachtet wird. Leider beobachte ich eine gewisse Geschichtsvergessenheit in Deutschland, wo – anders als in Frankreich – das Fach Geschichte bereits recht früh abgewählt werden kann. Dies halte ich für bedenklich. Flüchtlingsströme, Fake News oder neue Technologien sind nichts Neues, auch wenn sie in der Vergangenheit vielleicht anders bezeichnet wurden. Gerade wenn es um das Thema Flüchtlinge geht, müssen wir keine hundert Jahre zurückschauen. Im Jahr 1921 gab es das sogenannte Not-Quotengesetz. Damit wollte sich Amerika vor allzu hoher Zuwanderung aus Ost- und Mitteleuropa schützen. Oder die Kritik an der Technik, die in Frankreich unter Jean-Jacques Rousseau im achtzehnten Jahrhundert eine Blütezeit erlebte. Es ist wichtig, dass jungen Menschen hierzulande das Bewusstsein für diese Zusammenhänge vermittelt wird und sie auch sehen, wie gut es ihnen im internationalen Vergleich geht.

Was mich hoffnungsvoll in die Zukunft blicken lässt, ist ein Blick auf die Shell-Jugendstudie und die Sinus-Jugendstudie. Beide belegen, dass junge Menschen nach wie vor die traditionellen Werte leben. Zu diesen gehören gute langfristige menschliche Beziehungen, ein sinnerfüllter Beruf, wobei das Einkommen eine eher untergeordnete Rolle spielt, und ein neugieriges Interesse an der Welt.

Was sich verändert hat, und hier sind die langfristigen Folgen noch nicht absehbar, ist die Verschiebung der Grenze zwischen der Privatsphäre und der Öffentlichkeit. Viele junge Leute teilen ihre privaten Momente in sozialen Netzwerken. Darin zeigt sich ein deutlich gestiegenes Interesse an kurzfristiger Gratifikation. Allerdings gibt es zugleich auch viele junge Menschen, die sich aktiv für das Thema Datenschutz, Netzneutralität, „Recht auf vergessen werden" einsetzen.

Korruption, Ränkeschmiede, Vetternwirtschaft: ein Blick auf die globalisierte Welt stärkt nicht gerade das Vertrauen in funktionierende Wertesysteme. Wie können wir in unserer alles andere als perfekten Welt Werte erfolgreich leben?

CHRISTINE GRAEFF

Der Internationale Währungsfonds (IWF) hat hierzu kürzlich eine spannende Zahl veröffentlicht: Der IWF beziffert den Schaden, der weltweit durch Korruption entsteht, auf bis zu zwei Billionen US-Dollar. Das sind zwei Prozent der Weltwirtschaftsleistung, aber das zehnfache der globalen Entwicklungshilfe. Zudem steht diese Zahl nur für die Spitze des Eisberges, denn bei den zwei Billionen Dollar sind nur die direkten Kosten erfasst. Wenn wir also die Korruption abschaffen könnten, würden enorme Mittel freigesetzt werden. Hier kann jeder zum Wandel beitragen.

Welche Persönlichkeit des öffentlichen Lebens hat für Sie wirklich Vorbildfunktion und wenn ja, warum?

Für mich ist es weniger eine einzige Persönlichkeit, sondern vielmehr verschiedene Persönlichkeitszüge, die in unterschiedlichen Menschen besonders bewundernswert sind und die ich hier hervorheben möchte.

Es gibt viele Menschen, die sich für junge Frauen einsetzen, es gibt Aktivisten, die hinter den Kulissen ihre Zeit und Energie für den Kampf gegen den Klimawandel einsetzen, diese Menschen bewundere ich sehr.

Auf meinem Büroschreibtisch steht ein Spruch von Seneca: Nicht, weil es schwer ist, wagen wir es nicht, sondern weil wir es nicht wagen, ist es schwer.

Was ich an Menschen schätze, ist, dass sie Dinge angehen, auch wenn sie schwierig sind. Hierzu gehört, für eigene Werte in Konflikt mit anderen zu gehen und den Mut zu haben, für seine Überzeugung einzustehen.

Wir dürfen auch nicht vergessen, dass auch unsere eigenen Werte miteinander in Konflikt geraten können. In meiner eigenen Berufswelt – der Europäischen Zentralbank – ist ein undifferenziertes Mehr an Transparenz, in dem jede noch so vorläufige Diskussion von noch unfertigen Ideen bereits die Öffentlichkeit erreichen würde, nicht notwendigerweise ein Beitrag zu mehr Vertrauen an Finanzmärkten oder in der Bevölkerung. Oder wenn die Öffentlichkeit mit Informationen zugeschüttet wird, dadurch eine Illusion von Offenheit entsteht, aber die eigentlich wichtigen Botschaften sogar eher intransparent werden. ▬

RESPEKT, INTEGRITÄT & MIT-GEFÜHL

———— CHRISTIAN LÖCKER

„Respekt, Integrität und Mitgefühl gehören für mich zu den wichtigsten Werten. Das Miteinander von Menschen funktioniert aus meiner Sicht nur auf der Basis von gegenseitigem Respekt, dem gebotenen Maß an Klarheit und der Fähigkeit, die Perspektive, Wertstellungen und auch die Grenzen des Gegenübers zu verstehen."

Christian Löcker, Jahrgang 1968, hat nach seinem Studium in Mainz und Fribourg (CH) ein Traineeprogramm absolviert und arbeitete im Anschluss daran im Bereich Training- und Weiterbildung. Er stieg bei einer internationalen Personalberatung im Personalmarketing und der Personalgewinnung ein und wechselte von dort zur GK Unternehmens- und Personalberatung GmbH, wo er seit 1998 als Geschäftsführender Partner verantwortlich ist. Die GK Unternehmens- und Personalberatung GmbH ist die führende Adresse für Recruitment in den Segmenten Unternehmenskommunikation, Marketingkommunikation, Investor Relations und Public Affairs. Mit Taylor Bennett und Heyman Associates hat das Unternehmen ein internationales Beratungsangebot etabliert.

Welche Werte haben für Sie besondere Bedeutung und warum?

Respekt, Integrität und Mitgefühl gehören für mich zu den wichtigsten Werten. Das Miteinander von Menschen funktioniert aus meiner Sicht nur auf der Basis von gegenseitigem Respekt, dem gebotenen Maß an Klarheit und der Fähigkeit, die Perspektive, Wertstellungen und auch die Grenzen des Gegenübers zu verstehen. Auf diese Weise entwickelt sich ein von Vertrauen und Anerkennung geprägtes Umfeld.

Integrität beschreibt jene Haltung, die man, ein wenig altmodisch, auch Rechtschaffenheit nennen kann. Im Grunde genommen geht es um die Einheit von Wort und Tat. Was übrigens durchaus die Möglichkeit zulässt, seinen Standpunkt zu ändern. Integrität wird sonst leicht mit Prinzipienreiterei verwechselt – was für manche auch ein Orientierungswert zu sein scheint, der Zusammenleben und Übereinstimmung aber oft unmöglich macht. Respekt und Integrität schaffen auch konstruktive Grundlagen für einen klaren Umgang mit Konflikten und eröffnen Räume für Vermittlungsfähigkeit. Viel zu wenig Aufmerksamkeit schenken wir noch immer dem Thema Mitgefühl. Damit beschreibe ich keine konsequenzbefreite Gefühlsduselei, sondern das Mitgehen in schwierigen Lebenssituationen und das Angebot zu Helfen und

Handeln. Leider verbinden einige den Begriff mit Herablassung oder Schwäche. Mitgefühl spielt auch in der Führung von Menschen eine Rolle.

Mit welchen Werten kann ein Unternehmen langfristig erfolgreich am Markt agieren? Bringt Wertschätzung auch Wertschöpfung?
Erfolg ist ja zunächst auch schon ein Wert. Erfolg bietet Spielräume für Einfluss, Gestaltung und Wirksamkeit. Natürlich gehört Leistungsorientierung und ein geklärtes Verhältnis zu Macht und Verantwortung dazu.

> **Langfristig kann sich ein Unternehmmen, davon bin ich überzeugt, nur behaupten, wenn es sich an Werten orientiert, die ethisch vertretbar sind und den moralischen Normen entsprechen.**

Langfristig kann sich ein Unternehmen, davon bin ich überzeugt, nur behaupten, wenn es sich an Werten orientiert, die ethisch vertretbar sind und den moralischen Normen entsprechen. Sonst verliert wirtschaftlich erfolgreiches Handeln die gesellschaftliche Akzeptanz und gefährdet seine eigene Grundlage. Konkret gesprochen: Gute Führung und stabile Geschäftsbeziehungen brauchen Vertrauen, und wenn das erst einmal erschüttert ist, braucht es viel Zeit und Energie, um es wieder aufzubauen.

Ein gutes Beispiel für erfolgreiches Wertemanagement ist der Umgang mit Verschiedenheit. Auf Seiten der Wirtschaft wurde viel nachgedacht, diskutiert, investiert und umgesetzt. Das dahinterliegende Konzept von Respekt und Chancengleichheit ist nicht nur ethisch geboten, es erweist sich auch als produktiv.

Die Digitalisierung schreitet voran. Brauchen wir neue Werte in unserer neuen digitalen Welt, die gerade mit einer unglaublichen Schnelligkeit unser aller Leben verändert?
Unternehmerisches Handeln hat sich durch die Digitalisierung bereits stark verändert und verändert sich auch weiterhin in einem hohen Tempo. Das hat Anpassungsprozesse zur Folge, die wir derzeit noch gar nicht hinreichend definieren können.

Dennoch glaube ich nicht, dass wir im Zuge der Digitalisierung neue Werte brauchen. Aber wir müssen unsere bestehenden Werte auf die neue digitale Welt anwenden. Derzeit beobachte ich immer wieder Konflikte mit bereits bestehenden Werten, weil wir auf die Frage, wie wir in der digitalen Welt leben und arbeiten wollen, noch keine endgültigen Antworten gefunden haben. Das beginnt beim Respekt anderen Personen und Institutionen gegenüber, gilt aber auch einfach im Hinblick auf die Schnelligkeit des Urteils, die uns digitale Kommunikation abverlangt. Die Neigung zu boshaftem Tratsch und Herabsetzung von Menschen, die sich im Netz verbreitet, ist offensichtlich sehr bedenklich und hat unmittelbare politische Konsequenzen. Diese Form der Enthemmung läuft unseren ethischen Grundlagen zuwider. Es ist mit einem Wort gesagt: unanständig. Woran es fehlt, ist eine digitale Etikette, die den Nutzern entsprechend vermittelt wird.

Werteerziehung gehört zu den großen Herausforderungen unserer Zeit. Mit welchen Wertvorstellungen gehen junge Menschen heute ins Leben, und sind diese Wertvorstellungen zukunftsfähig?

Ich denke, dass ein Großteil der jungen Menschen ein stabiles Wertegerüst hat und eine klare ethische Verortung. Mitunter beobachte ich, dass es dabei vor allem um die gute Einstellung geht, manchmal weniger um konkretes Handeln. Das finde ich etwas korrekturbedürftig.

Oft fehlt es Jugendlichen an der konkreten Berührung mit anderen sozialen Lebenswirklichkeiten. Das führt zu einer etwas geschlossenen Perspektive. Die größte Gefahr die hier entsteht, ist soziale Trägheit oder Selbstzufriedenheit, sowohl was die eigene Entwicklung angeht, wie auch die aktive Weiterentwicklung anderer.

> Ich denke, dass ein Großteil der jungen Menschen ein stabiles Wertegerüst hat und eine klare ethische Verortung.

Allerdings macht mich Verallgemeinerung auf eine ganze Generation angewendet nervös. Die Generation X muss ja mit einer Vielzahl von Attributen leben, die der Überprüfung nicht standhalten.

Korruption, Ränkeschmiede, Vetternwirtschaft: ein Blick auf die globalisierte Welt stärkt nicht gerade das Vertrauen in funktionierende Wertesysteme. Wie können wir in unserer alles andere als perfekten Welt Werte erfolgreich leben?
Werte entstehen aus einem Diskurs heraus. Das gilt nicht nur zwischen Menschen, sondern auch zwischen Staaten und Institutionen. In einer globalisierten Welt stellt uns das vor große Herausforderungen, weil die kulturellen Kontexte und historischen Gegebenheiten sehr unterschiedlich sind und das, was in einem Land als gut bewertet wird, in einem anderen inakzeptabel ist. Unsere latente Überzeugung der Universalisierbarkeit von Werten wird oft als „kolonial" bewertet. Hier hilft wieder ein respektvoller Umgang weiter, aber auch Klarheit des eigenen Standpunkts und die Energie, diesen mit Überzeugung zu vertreten und die Konsequenzen zu akzeptieren. Führungskräfte müssen eine Vermittlungsleistung erbringen.

Ich halte in diesem Zusammenhang auch nichts von Rigorismus. Den beobachtet man ja auch zunehmend. Eine solche Haltung ist erstens fast immer überheblich und führt genau zum Gegenteil.

Welche Persönlichkeit des öffentlichen Lebens hat für Sie wirklich Vorbildfunktion und wenn ja, warum?
Papst Franziskus beeindruckt mich sehr. Selbst in schwierigen Situationen zeigt er sich unerschrocken und klar. Er hat den Mut, Dinge zu verändern, ohne den Wert von Traditionen aufzugeben. Zugleich aber stellt er sich immer wieder selbst zur Disposition und scheut den Diskurs nicht. Das macht ihm sicherlich nicht nur Freunde, aber er hält Widerspruch aus, entscheidet jedoch kraftvoll aus einer hohen inneren Unabhängigkeit heraus. Ich habe tatsächlich den Eindruck: Hier geht es jemandem um die Sache. ▬

VER TRAUEN & EHR LICHKEIT

━━━ DR. ROWALD HEPP

„Vertrauen und Ehrlichkeit sind für mich entscheidende Werte, die eng miteinander verzahnt sind. Mit einer gelebten Ehrlichkeit finden fast automatisch Menschen zueinander, die diesen Wert teilen."

137

Dr. Rowald Hepp, Jahrgang 1962, ist verheiratet und hat drei Kinder. 1982 absolvierte Rowald Hepp eine zweijährige Ausbildung zum Winzer im Weingut Christoph Steinmann in Sommerhausen. Im Anschluss daran begann er ein Studium für Weinbau und Oenologie an der Fachhochschule Wiesbaden, Geisenheim, welches er als Diplom-Ingenieur abschloss. Darauf folgte ein Aufbaustudium an der Justus-Liebig-Universität Gießen und Forschungsanstalt Geisenheim zum Diplom-Oenologen. Nachfolgend bearbeitete er seine Dissertation mit Abschluss der Promotion zum Dr. agr. Von 1992 bis 1994 war er Leiter der Hessischen Staatsweingüter am Kloster Eberbach, parallel hierzu war er von 1991 bis 1994 Sprecher der Eberbacher Weinmesse. In den Jahren von 1994 bis 1999 war er Weingutsdirektor des Staatlichen Hofkellers in Würzburg. Seit 1999 ist er Weingutsdirektor und Geschäftsführer im Schloss Vollrads in Oestrich-Winkel im Rheingau.

Welche Werte haben für Sie besondere Bedeutung und warum?

Vertrauen und Ehrlichkeit sind für mich entscheidende Werte, die eng miteinander verzahnt sind. Mit einer gelebten Ehrlichkeit finden fast automatisch Menschen zueinander, die diesen Wert teilen. Daraus entwickelt sich eine gemeinsame Basis, auf deren Grundlage sich viele Dinge leichter voranbringen lassen.

Ehrlichkeit hat zudem zwei Dimensionen. Die Ehrlichkeit anderen gegenüber, aber auch die Ehrlichkeit gegenüber sich selbst. Beide bedingen sich. Daher ist es auch so wichtig, die kleinen Macken und Fehler zuzulassen, die jeder von uns hat. Wer erkannt hat, dass Perfektionismus eine Utopie ist, verfolgt dieses Ziel nicht mehr. Er kann ehrlich zu sich selbst sein.

Auch das Vertrauen hat zwei Dimensionen. Zum einen das Vertrauen der anderen in uns, aber auch unser eigenes Selbstvertrauen, also die Reflexion nach innen. Selbstvertrauen ist Grundvoraussetzung dafür, dass Menschen eine Ausstrahlung entwickeln können, die dann wieder eine Vertrauensbasis schaffen kann. Wer aber vorgibt, mehr Selbstvertrauen zu haben, als das tatsächlich der Fall ist, der ist sich selbst und anderen gegenüber nicht ehrlich. Das wird oft schnell durchschaut.

Wie positiv Ehrlichkeit sein kann, zeigte sich zum Beispiel, als ich von einem jungen Mann mit internationalen Abschlüssen an Eliteuniversitäten als Referenz für seinen zukünftigen Arbeitgeber angegeben wurde. Ich schilderte auf Nachfrage sowohl seine Stärken als auch seine Schwächen. Im Nachgang berichtete ich dem jungen Mann von meiner Vorgehensweise. Sein Kommentar war „you are brutally honest". In dieser Kombination hatte ich das Wort „ehrlich" noch nicht gehört, doch diese Ehrlichkeit verhalf ihm zu dem Job. Der Vorteil war: Sein Arbeitgeber kannte seine Schwächen und konnte darauf richtig reagieren, und er musste sich nicht verstellen. Eine Win-Win-Situation für beide Seiten.

Mit welchen Werten kann ein Unternehmen langfristig erfolgreich am Markt agieren? Bringt Wertschätzung auch Wertschöpfung?

Auf jeden Fall bringt Wertschätzung auch Wertschöpfung. Sie ist aus meiner Sicht sogar Voraussetzung, um langfristige Partnerschaften zu schaffen und Krisensituationen gut zu überstehen. Wenn ich jemandem Respekt, Vertrauen und Wertschätzung entgegenbringe, kann ich mich auf die Kernfragen konzentrieren. Das hilft dabei, die Komplexität aus einer Situation herauszunehmen, so dass ich mich auf die eigentlichen Aufgaben und ihre Lösungen konzentrieren kann.

Wertschätzung hat auch immer etwas mit Toleranz und Akzeptanz zu tun. Ich selbst verfolge die Leitlinie, alle Mitarbeiter in unserem Unternehmen gleich zu behandeln. Das beginnt bei der morgendlichen Begrüßung mit Handschlag. Wir sind als Team immer nur so stark wie das schwächste Glied in der Kette. Das sollte man nie aus den Augen verlieren. Wertschätzung führt zu Motivation, und diese ist der Antriebsmotor für ein Unternehmen.

Wichtig ist dabei, dass diese Wertschätzung kontinuierlich gelebt wird. Sie ist keine Einmalaktion, sondern eine Grundeinstellung. Das Ausnutzen von Hierarchien bringt aus meiner Sicht keinen langfristigen Erfolg. Dagegen führt Wertschätzung für die Mitarbeiter zu einer konstruktiven Loyalität im Unternehmen, die gerade in Krisensituationen von großer Wichtigkeit sein kann.

Die Digitalisierung schreitet voran. Brauchen wir neue Werte in unserer neuen digitalen Welt, die gerade mit einer unglaublichen Schnelligkeit unser aller Leben verändert?

Als Weingut sind wir Teil der Landwirtschaft. Oft wird übersehen, wie wichtig das Thema Digitalisierung in diesem Wirtschaftssektor ist. Das betrifft zum Beispiel hochtechnisierte Weinbergsmaschinen, die man schon fast als Steillagenroboter bezeichnen kann, aber auch neue Wege des Vertriebs für unsere Produkte. Was mir in der Digitalisierungsdebatte immer wieder bewusst wird, ist, dass die Mitarbeiter, die diese neuen digitalen Prozesse umsetzen müssen, in der Kommentierung der digitalen Welt zu kurz kommen. Mitarbeiter müssten viel stärker bei ihrer Aus- und Weiterbildung auf die digitale Welt vorbereitet werden. Technisch versucht jeder, auf den neusten Stand zu kommen, doch die Frage bleibt, wie die Technik dann im Unternehmen umgesetzt wird.

Digitalisierung führt ja dazu, dass die Genauigkeit und Schnelligkeit von Prozessen zunimmt. Zugleich gibt es weniger Korrekturmöglichkeiten. Wenn etwas erst einmal in den Kommunikationsplattformen der digitalen Welt ist, kann man es schlecht zurücknehmen. Wir müssen daher viel stärker über mögliche Folgen unseres Tuns nachdenken und Reaktionen antizipieren. Es ist hinlänglich bekannt, dass dadurch der Druck auf die Mitarbeiter entsprechend steigt und zu psychosomatischen Erkrankungen führen kann. Dem gilt es entgegenzuwirken.

Wir brauchen dringend Leitlinien und verlässliche Werte, an denen sich die Mitarbeiter in der digitalen Welt orientieren können. Unsere Kommunikation und unsere Arbeitswelt werden immer unpersönlicher. Daher rücken die von mir eingangs genannten Grundwerte Ehrlichkeit und Vertrauen wieder stärker in den Fokus.

Werteerziehung gehört zu den großen Herausforderungen unserer Zeit. Mit welchen Wertvorstellungen gehen junge Menschen heute ins Leben und sind diese Wertvorstellungen zukunftsfähig?

Junge Leute machen sich sehr viele Gedanken darum, wie sie den technischen Anforderungen des Berufslebens gerecht werden können, aber die emotionale oder charakterliche Festigung findet bei der Ausbildung kaum Beachtung. Bei der Entwicklung der „soft skills", die ja diese Wertediskussion mit einschließt, werden die Menschen sich selbst überlassen. Das merke ich auch bei Vorstellungsgesprächen. Die jungen Leute haben in der Regel ein gutes Selbstvertrauen, weil sie nicht zuletzt davon ausgehen, dass vor allem die „hard skills" in die Waagschale geworfen werden. Wenn ich aber in solchen Gesprächen versuche, die Teamfähigkeit oder Belastbarkeit meines Gegenübers auszutesten, dann merke ich oft, dass dieses Selbstvertrauen doch bis zu einem gewissen Grade nur Fassade ist. Dabei sind es gerade diese weichen Faktoren, die für den unternehmerischen Erfolg sehr wichtig sind.

Wir sollten bei der Erziehung junger Menschen wieder viel stärker auf die Teamfähigkeit achten. Bereits Kinder haben die Chance, in teamorientierte Sportarten zu gehen und sich in Sportvereinen zu engagieren. Während es für mich als Kind schwierig war, überhaupt in die Fußballmannschaft meines Sportvereins zu kommen, weil dieser vollkommen überlaufen war, legen heute mehrere Gemeinden ihre Aktivitäten zusammen, um überhaupt noch eine Mannschaft auf die Beine zu stellen. Kinder und Jugendliche haben oft in der Schule so viel Druck, dass sie am Nachmittag mit den Hausaufgaben beschäftigt sind. Da bleibt wenig Zeit für Sport, wenn zudem auch noch ein Musikinstrument gespielt wird oder eine sozial mehr Beachtung findende Einzelsportart wie zum Beispiel Tennis auf dem Programm steht. Dabei werden gerade bei Teamsportarten Werte vermittelt, die sonst in unserer Gesellschaft zu kurz kommen und für die jungen Menschen später im Job von großer Bedeutung sind.

Inzwischen bin ich seit Jahren in meinem Beruf tätig und habe dabei folgende Beobachtung gemacht: Vor fünfzehn Jahren haben die jungen Leute bei Bewerbungen herausgestellt, was sie für das Unternehmen leisten können. Heute fragen junge Leute eher, was das Unternehmen tun kann, um sie in ihrer Weiterentwicklung zu unterstützen. Die Individualität und selbstbezogene Profilierung stehen im Vordergrund, während es vor einigen Jahren noch das Gemeinwohl war. Dies ist natürlich auch ein Spiegel unserer Gesellschaft.

Korruption, Ränkeschmiede, Vetternwirtschaft: ein Blick auf die globalisierte Welt stärkt nicht gerade das Vertrauen in funktionierende Wertesysteme. Wie können wir in unserer alles andere als perfekten Welt Werte erfolgreich leben?

Einer der Sätze, die mir in diesem Zusammenhang einfallen, ist „Wehret den Anfängen". Sicherlich sind Gepflogenheiten im internationalen Vergleich unterschiedlich, aber für mich ist das die Gelegenheit, meine eigenen Wertvorstellungen zu leben und zu verargumentieren. Es ist besser, auch einmal die Extrameile zu gehen, als Abstriche von seinen Werten zu machen. Werte sind nicht verhandelbar!

Werte sind nicht verhandelbar!

Gerade in diesem Zusammenhang sollte der zweite wichtige Satz gelten „Tue Gutes und rede darüber". Ich halte es für wichtig, seine eigenen Vorstellungen zu erläutern und dadurch Verständnis zu schaffen für die Hartnäckigkeit in der eigenen Position. Dazu gehört auch, einmal ganz plakativ auf ein Geschäft zu verzichten, wenn man dabei kein gutes Gefühl hat oder es nur dann zustande käme, wenn man die eigenen Werte über Bord wirft.

Wenn ich auf mein bisheriges Berufsleben zurückblicke, waren Korruption und Mauscheleien nie ein Thema, weil Werte von meiner Erziehung und Lebenserfahrung aus gesehen immer von großer Bedeutung waren. Hier schließt sich der Kreis zum Thema Ehrlichkeit. Es ist wichtig, sich selbst treu zu bleiben und dem Gegenüber zu vermitteln, dass Ehrlichkeit und Vertrauen für das Zustandekommen der Geschäftsbeziehung unabdingbar sind, dadurch hat man in schwierigen Situationen immer eine Leitlinie und Festigkeit, die verhindert, dass man in so einen Sumpf hineingezogen wird.

Wir arbeiten derzeit in über 40 Ländern ohne vertragliche Bindung allein auf Basis der alten hanseatischen Kaufmannstradition des Handschlags. Wenn ich bei jemandem im Wort stehe, ist das für mich dieselbe Verpflichtung, als hätte ich einen Vertrag unterzeichnet. Allerdings funktioniert das nur, wenn mein Gegenüber meine Wertvorstellungen von Ehrlichkeit und Vertrauen auch teilt. Geschäfte dieser Art kann ich mit niemandem machen, der nur an Gewinnmaximierung denkt. Bisher wurde ich nur ein einziges Mal von einem Geschäftspartner enttäuscht und das auch nur, weil er wohl meinte, aufgrund einer Notsituation sein Handeln ändern zu müssen und mich mit einer Zahlung versetzen zu müssen.

Welche Persönlichkeit des öffentlichen Lebens hat für Sie wirklich Vorbildfunktion und wenn ja, warum?

Ich habe vor einiger Zeit in der Zeitung einen Artikel über einen anonym gebliebenen Obdachlosen gelesen, der eine Geldbörse mit 5000 Euro gefunden hat. Dieser Mann hat das Geld bei der nächsten Polizeidienststelle abgegeben. Das ist für mich absolut vorbildlich.

Wenn Werte – selbst in so einer schwierigen Lebenslage – hochgehalten werden, macht mir das Mut und schenkt Vertrauen in die Zukunft unserer Gesellschaft. ▬

DR. ROWALD HEPP

FREI
MUT

━━━━━━━● DR. PETRA BAHR

„Freimut – dieses etwas altertümlich
klingende Wort bedeutet für mich, ein
gesundes Gleichgewicht zwischen
kreativer Freigeistigkeit und entschlossenem Vorangehen."

143

Dr. Petra Bahr ist Regionalbischöfin für den Sprengel Hannover in der Ev.-luth. Landeskirche Hannovers. In ihren Büchern geht die Theologin und Publizistin den religiösen Fragen unserer Zeit auf den Grund und bedenkt die Bedeutung des Glaubens und seiner Traditionen im Spiegel der modernen Gesellschaft. Sie war lange Kulturbeauftragte des Rates der EKD, zuletzt Leiterin der Hauptabteilung Politik und Beratung der Konrad-Adenauer-Stiftung und hat seit vielen Jahren eine wöchentliche Kolumne in der ZEIT-Beilage „Christ und Welt".

Welche Werte haben für Sie besondere Bedeutung und warum?

Freimut – dieses etwas altertümlich klingende Wort bedeutet für mich, ein gesundes Gleichgewicht zwischen kreativer Freigeistigkeit und entschlossenem Vorangehen. Beides ist heute wichtig. Die scheinbar uferlos gewordenen Möglichkeiten erhöhen den Druck, sich entscheiden zu müssen. Da braucht es Mut, seinen eigenen Weg zu gehen. Sich darin einen freien Geist zu bewahren, der auch die eigenen Echokammern kritisch hinterfragt, ist mehr als eine Lebensaufgabe.

Mit welchen Werten kann ein Unternehmen langfristig erfolgreich am Markt agieren? Bringt Wertschätzung auch Wertschöpfung?

In einer Welt, in der nur der Wandel beständig zu sein scheint, ist die Suche nach einer immer gültigen Formel zum wirtschaftlichen Erfolg fast schon eine Sehnsucht geworden. Wertschätzung untereinander darf nicht zur Marketing-Floskel werden, sondern muss sich gerade auch im Scheitern erweisen, da wo wir Fehler machen, hinter unseren Ansprüchen zurückbleiben oder kurz: wo es menschlich zugeht.

Die Digitalisierung schreitet voran. Brauchen wir neue Werte in unserer neuen digitalen Welt, die gerade mit einer unglaublichen Schnelligkeit unser aller Leben verändert?

Werte sind Ausdruck dessen, was sich gesellschaftlich bewährt hat. In ihnen gerinnt zu Ausdrucks- und Verhaltensformen, was sich als relevant und wertvoll erwiesen hat. Spannender als die Prophetie darüber, welche Werte künftig am Sternenhimmel der Zeit abzulesen sind, wäre die Frage, wie die „alten" Werte und Tugenden sich im digitalen Leben beweisen.

Werte sind Ausdruck dessen, was sich gesellschaftlich bewährt hat.

Werteerziehung gehört zu den großen Herausforderungen unserer Zeit. Mit welchen Wertvorstellungen gehen junge Menschen heute ins Leben und sind diese Wertvorstellungen zukunftsfähig?

Beim Begriff „Werteerziehung" zucke ich zusammen. Heute geht es mehr darum, dass Menschen aller Generationen sich darüber austauschen können, wie sie gemeinsam in dieser Welt leben und von welchen Vorstellungen sie sich dabei leiten lassen wollen. Zukunftsfähigkeit entscheidet sich daran, inwieweit sich eine Gesellschaft geschützte Räume für solche Diskurse zumutet.

Korruption, Ränkeschmiede, Vetternwirtschaft: ein Blick auf die globalisierte Welt stärkt nicht gerade das Vertrauen in funktionierende Wertesysteme. Wie können wir in unserer alles andere als perfekten Welt Werte erfolgreich leben?

Wer sich von den Welteindunklern leiten lässt, wird weder Kraft noch Motivation aufbringen können, einen Beitrag am Guten in der Welt zu leisten. Vielleicht helfen kleinere Register: Warum nicht eine „Woche der Achtsamkeit" in der Familie oder im Team bei der Arbeit ausrufen? Wer im Kleinen positive Erfahrungen macht, hat auch den Mut, die großen Herausforderungen anzugehen. ▬

VERTRAUENS
WÜRDIGKEIT
&
GERECHTIG-
KEIT

━━━━━ PROF. DR. EMANUEL V. TOWFIGH

„Werte sind oft kontextabhängig. Auf einer über
geordneten Ebene sind für mich Vertrauenswürdigkeit
und Gerechtigkeit grundlegende Werte, die für ein
gedeihliches Zusammenleben von Menschen
unerlässlich sind."

Professor Dr. Emanuel V. Towfigh ist Dekan der Law School der EBS Universität für Wirtschaft und Recht in Wiesbaden und Inhaber des Lehrstuhls für Öffentliches Recht, Empirische Rechtsforschung und Rechtsökonomik. Das Studium der Rechtswissenschaften absolvierte Towfigh in Münster und Nanjing, er wurde an der Universität Münster promoviert. Forschungsaufenthalte führten ihn an die New York University Law School und die University of Virginia Law School. Er habilitierte sich mit der verhaltensökonomisch argumentierenden, verfassungstheoretischen Arbeit „Das Parteien-Paradox. Ein Beitrag zur Bestimmung des Verhältnisses von Demokratie und Parteien". Towfigh ist zudem Mitglied des Gesellschafterausschusses der Freudenberg & Co. KG und des Aufsichtsrats der Freudenberg SE.

Welche Werte haben für Sie besondere Bedeutung und warum?

Eine schwierige Frage, weil Werte oft kontextabhängig sind. Auf einer übergeordneten Ebene sind für mich Vertrauenswürdigkeit und Gerechtigkeit grundlegende Werte, die für ein gedeihliches Zusammenleben von Menschen unerlässlich sind.

Gerechtigkeit ist die Grundlage für Einigkeit und Ordnung und damit für Frieden in einer Gesellschaft. Und ohne Vertrauen können Menschen nicht miteinander interagieren.

Wichtig sind mir daneben auch Freiheit und Gleichheit, wobei es sich dabei nicht unbedingt um Werte im klassischen Sinne handelt. Damit sich Menschen entfalten, müssen sie ihre Freiheit leben können. Die Anerkennung der fundamentalen Gleichheit aller Menschen ist aus meiner Sicht unabdingbar.

Mit welchen Werten kann ein Unternehmen langfristig erfolgreich am Markt agieren? Bringt Wertschätzung auch Wertschöpfung?

Wertschätzung bringt eindeutig auch Wertschöpfung. Gleichheit zu leben, ist für mich die Grundlage der Wertschätzung. Hierarchien und Rollenbeschreibungen werden viel zu oft mit der Vorstellung vermengt, die ich mir von einem Men-

Wir sollten uns der Tatsache bewusst sein, dass jeder in einem Unternehmen eine Aufgabe hat und dass alle diese Aufgaben gleichermaßen wichtig sind.

schen mache. Wir sollten uns der Tatsache bewusst sein, dass jeder in einem Unternehmen eine Aufgabe hat und dass alle diese Aufgaben gleichermaßen wichtig sind. Jeder Mitarbeiter trägt auf seine Weise zum Erfolg eines Unternehmens bei. Das dürfen wir nicht aus den Augen verlieren. Wertschätzung in einem Unternehmen fördert zudem die Freiheit, so dass Menschen ihr Potenzial entfalten können.

All das zeigt, dass die Prägung einer werteorientierten Unternehmenskultur entscheidend für den wirtschaftlichen Erfolg ist. Selbstverständlich kann kein Unternehmen ohne vernünftige Arbeitsabläufe, also die sogenannten harten Faktoren, existieren, aber es kommt auf den Einklang zwischen beiden Seiten an.

Deshalb steht bei der wirtschaftswissenschaftlichen Forschung auch die Führungsaufgabe so im Vordergrund. Die Hauptaufgabe von Wirtschaftslenkern und der politischen Führung ist es, diese wertschätzende Kultur zu prägen. Erfolgreiche Organisationen beherzigen das. Die Bedeutung einer werteorientierten Kultur kann also aus meiner Sicht nicht hoch genug eingeschätzt werden.

Die Digitalisierung schreitet voran. Brauchen wir neue Werte in unserer neuen digitalen Welt, die gerade mit einer unglaublichen Schnelligkeit unser aller Leben verändert?
Fundamentale Werte sind nicht zeitgebunden. Sie sind und bleiben die Grundlage des menschlichen Miteinanders. Allerdings beobachte ich, dass aufgrund der Digitalisierung alltagsbezogene Werte wie Anpassungsfähigkeit und Flexibilität wieder an Bedeutung gewinnen. Wir leben in einer sich sehr schnell verändernden Welt, das hat Auswirkungen auf unser aller Leben.

Wichtiger als die Frage, ob wir neue Werte brauchen, ist, dass wir unsere grundlegenden Werte bewahren. Dieser Herausforderung mussten sich Menschen schon immer stellen, und sie wird uns die kommenden Jahre stark

PROF. DR. EMANUEL V. TOWFIGH

beschäftigen. Unsere Demokratie steht derzeit vor zukunftsweisenden Fragen. Wir erleben einen Ruf nach sozialer Gerechtigkeit verbunden mit dem Verlust an Vertrauen in der Bevölkerung, der uns hellhörig machen sollte.

Hinzu kommen große Herausforderungen im Bildungssektor, die nicht zuletzt der Digitalisierung geschuldet sind und die wir bisher nicht in ausreichendem Maße aufgegriffen haben.

Jede große kulturelle Veränderung, zu der ich auch die Digitalisierung zählen möchte, führt zu dem Wunsch, Dinge zu regulieren, um sich damit besser zurecht zu finden. Das ist im Prinzip nichts Neues, auch wenn die Entwicklung heute deutlich schneller geht als in vorangegangenen Epochen.

Wir haben neue Phänomene, wie „Shitstorms" oder „Trolle" im Netz, aber letztlich sind auch diese nur Ausdruck ureigenster menschlicher Verhaltensweisen, die lediglich eine neue Plattform erhalten haben. Wir müssen dagegen angehen, aber dafür brauchen wir keine neuen Werte, ein respektvoller Umgang miteinander muss auch „online" eine Selbstverständlichkeit sein.

Werteerziehung gehört zu den großen Herausforderungen unserer Zeit. Mit welchen Wertvorstellungen gehen junge Menschen heute ins Leben, und sind diese Wertvorstellungen zukunftsfähig?

Als Dekan einer juristischen Fakultät und damit einer Bildungseinrichtung liegt mir dieses Thema natürlich besonders am Herzen. Oft denkt man bei Werteerziehung vor allem an Kindergarten und Schule, doch ich sehe darin einen lebenslangen Prozess. So hat sich auch meine Vorlesung „Grundrechte" aufgrund der aktuellen politischen Situation verändert und ist mit Blick auf die Werteerziehung ein Stückweit kraftvoller geworden. Das Grundgesetz regelt die Grundlagen unseres gesellschaftlichen Miteinanders, und es geht darum, unsere freiheitlich demokratische Grundordnung zu vermitteln. Ich beobachte, wie ich noch stärker für diese Werte eintrete. Das nimmt manchmal schon Züge einer Predigt an, weil ich vermitteln möchte, wie wichtig es ist, diese Grundordnung zu erhalten und sie nicht als selbstverständlich hinzunehmen.

Wir leben in einer wunderbaren Welt, in der wir eine freiheitlich demokratische Ordnung quasi „geschenkt" bekommen haben. Doch wir dürfen nie vergessen, dass es in diesem Land auch andere Zeiten gegeben hat. Meine Generation hat die Nazi-Diktatur zum Glück nicht mehr erleben müssen. Umso wichtiger ist es, dass wir uns immer wieder bewusst machen, wie wichtig Werte und Grundrechte sind, und dass wir uns dafür einsetzen sollten, diese auch zu bewahren. Die Fragen, warum es wichtig ist, kein zu großes soziales Gefälle zu haben oder Freiheit und Sicherheit zu gewährleisten, sollten wir uns immer wieder stellen. Werteerziehung ist paradoxerweise deshalb so wichtig, weil wir in einer so guten Zeit leben.

Ich sehe derzeit aber keinen Werteverfall bei den jungen Leuten, und glaube auch nicht, dass früher alles besser war. Für sehr wichtig erachte ich aber, dass wir uns immer wieder mit unseren Werten auseinandersetzen und auch darüber diskutieren. Leben heißt Veränderung, und daher sollten wir bereit sein, gesellschaftliche Entwicklungen immer wieder auf den Prüfstand zu stellen und auch kritisch zu hinterfragen.

Zudem leben wir in einer globalisierten Welt. Wenn ich also an meine Vorlesung „Grundrechte" denke, spielen europäische und internationale Regularien heute eine viel wichtigere Rolle als noch vor ein paar Jahren. Das schärft den Blick dafür, dass es international unterschiedliche Wertvorstellungen gibt, die alle ihre Berechtigung haben. In jedem Fall sollte man ihnen nicht mit schroffer Ablehnung begegnen, sondern erkennen, dass eine stetige Neuverhandlung der Werte wichtig ist. Werteerziehung bedeutet für mich nicht, andere zu „erziehen", sondern einen Modus zu finden, uns selbst laufend zu erziehen. Wir alle befinden uns auf einer „Lebensreise" und die meisten von uns versuchen, sich an Werten zu orientieren. Wenn ich erwarte, dass andere meine individuellen Wertvorstellungen anerkennen und tolerieren, muss ich auch deren Wertvorstellungen anerkennen. Jeder gibt auf seine Weise sein Bestes und es steht mir nicht zu, darüber zu urteilen.

Hinzu kommt, dass Wertevermittlung etwas höchst Praktisches ist. Angefangen bei dem Verhalten junger Menschen auf dem Schulhof bis hin zum sportlichen Wettbewerb oder der Möglichkeit, seine Zivilcourage an der Bushaltestelle zu zeigen. Das sollten wir viel stärker in den Blick nehmen und uns in alltäglichen Situationen unseres werteorientierten Handelns bewusst sein.

PROF. DR. EMANUEL V. TOWFIGH

Werte bringen nichts, wenn ich nur darüber spreche. Ich muss sie leben und ein Bewusstsein für ihre große Bedeutung entwickeln. Das zeigt sich auch immer wieder an der Kultur eines Unternehmens oder einer Fakultät, wie der, der ich vorstehen darf.

Korruption, Ränkeschmiede, Vetternwirtschaft: Ein Blick auf die globalisierte Welt stärkt nicht gerade das Vertrauen in funktionierende Wertesysteme. Wie können wir in unserer alles andere als perfekten Welt Werte erfolgreich leben?
Ich bin überzeugter Optimist. Deshalb möchte ich erst einmal voranstellen, dass ich sehr glücklich bin, in der bisher besten Welt zu leben. Es gibt zwar auch in dieser Welt Korruption und Ränkeschmiede, das will ich nicht leugnen, aber wir sollten den Blick nicht immer nur auf die düsteren Seiten des Lebens lenken.

Natürlich ist mir bewusst, dass die zivilisatorische Kruste dünn ist. Das zeigt nicht zuletzt die Rückkehr der Autokraten in den vergangenen Jahren. Auch die Ereignisse des 11. September haben uns dramatisch vor Augen geführt, dass wir politisch und gesellschaftlich vor großen Herausforderungen stehen.

Aber zugleich haben viele Länder einen Schritt nach vorne getan, sei es im Hinblick auf die Kindersterblichkeit oder den Rückgang von kriegerischen Auseinandersetzungen.

Den so oft zitierten Werteverlust sehe ich in dieser Form nicht. Das heißt nicht, dass unsere Werte nicht in Gefahr sind. Wie in allen Epochen müssen die Menschen sich auch heutzutage anstrengen, um ihre Werte zu bewahren. Aber die Aufgabe, die eigenen Werte immer wieder neu zu überdenken und sich damit auseinanderzusetzen, haben schon viele Generationen vor uns erlebt.

Für jeden ist es sehr schwierig, wertorientiert zu handeln, wenn andere das nicht tun. Wie oft sagen Menschen, dass sie in dieser Welt nur existieren können, wenn sie sich den schlechten Gepflogenheiten anpassen und selbst manipulieren oder

> **Für jeden ist es sehr schwierig, wertorientiert zu handeln, wenn andere das nicht tun.**

Ränke schmieden. Diese Ansicht ist aus menschlicher Sicht verständlich. Aber unser Anspruch an uns selbst sollte sein, dem zu widerstehen. Ich bin überzeugt davon, dass es sich auf lange Sicht lohnt, integer zu handeln und sich von Werten wie Vertrauenswürdigkeit oder Gerechtigkeit leiten zu lassen. Dann bleibt kein Platz für Korruption und Ränke, und man ist nicht angreifbar.

Das leitet über zu einem weiteren wichtigen Wert: Mut. Wir brauchen in unserer Gesellschaft Zivilcourage und Menschen, die sich gegen schlechtes Verhalten auflehnen. Der Grundsatz der Gleichheit und die Forderung nach Gerechtigkeit sollten unser Handeln leiten. Kultur ist nichts, über das wir nur reden, wir müssen sie leben, und wenn jemand sich nicht an die Spielregeln hält, sollte man sich von ihm abwenden. In der Realität ist das schwer zu leben, aber der Spruch, „Ehrlich währt am längsten" hat durchaus seine Berechtigung.

Welche Persönlichkeit des öffentlichen Lebens hat für Sie wirklich Vorbildfunktion und wenn ja, warum?
In meinem Leben spielen Vorbilder und Menschen, die mich inspirieren, eine große Rolle, auch wenn ich keinen einzelnen von ihnen hervorheben möchte. Niemand ist frei von Fehlern, und wir sollten uns davor hüten, andere zu idealisieren. Dennoch gibt es Menschen, die mit ihren Taten oder Fähigkeiten vorbildhaft sind.

Wenn meine Vorbilder noch leben, suche ich das Gespräch mit ihnen und sehe sie als eine Art Mentor. Ich frage mich dann vor allem, was hat jemanden dazu befähigt, so vorbildhaft zu handeln. Mein Ziel ist es also, diese Werte selbst zu verinnerlichen und dadurch auch ein Stück den Weg meines Vorbildes zu beschreiten.

Dabei kann es sich manchmal um wenig spektakuläre Fähigkeiten wie eine schöne Schrift handeln, aber auch einen achtsamen Umgang mit anderen oder den aufopferungsvollen Einsatz für einen Mitmenschen, bewundere ich sehr.

Wir sollten uns immer den freundlichen Blick für andere bewahren und anerkennen, dass wir alle auf einer Reise sind und jeder von uns sein Bestes gibt. Deshalb können sehr viele Menschen in allen möglichen Formen Vorbild für uns sein. ▬

PROF. DR. EMANUEL V. TOWFIGH

WERT SCHÄT ZUNG & LIEBE

━━━ KIRSTEN HARMS

„Unseren Wertekanon gibt es seit Tausenden von Jahren, und jeder Wert ist aus meiner Sicht wichtig. Allerdings wird uns die Bedeutung der Werte oft erst richtig bewusst, wenn es uns daran mangelt. Gerade in Umbruchzeiten ist das verstärkt zu beobachten. So begünstigt die Anonymität des Netzes zum Beispiel verbale Gemeinheiten."

Kirsten Harms studierte Musiktheater-Regie an der Hochschule für Musik und Darstellende Kunst in Hamburg. Ende der 1980er-Jahre gelang ihr der Durchbruch als Opernregisseurin. 1995 wurde sie Intendantin der Kieler Oper, die unter ihrer Leitung von 1995 – 2003 zu einem der erfolgreichsten mittleren Opernhäusern des deutschsprachigen Raums wurde. 2004 – 2011 übernahm sie als Intendantin die Leitung der Deutschen Oper Berlin. Damit wurde Kirsten Harms als erste Frau weltweit Intendantin eines der ganz großen Opernhäuser. Insbesondere die Wiederentdeckung großer Opern von verfemten und verfolgten Komponisten wurde ihr Markenzeichen. Das Publikum reagierte mit einer Auslastungssteigerung von 22 Prozent, und der Deutschen Oper gelang eine Verdopplung ihrer Einnahmen. Neben ihrer Regietätigkeit ist Kirsten Harms seit 2016 Vizepräsidentin des International Women's Forum Deutschland.

Welche Werte haben für Sie besondere Bedeutung und warum?

Unseren Wertekanon gibt es seit Tausenden von Jahren, und jeder Wert ist aus meiner Sicht wichtig. Allerdings wird uns die Bedeutung der Werte oft erst richtig bewusst, wenn es uns daran mangelt. Gerade in Umbruchzeiten ist das verstärkt zu beobachten. So begünstigt die Anonymität des Netzes zum Beispiel verbale Gemeinheiten.

Vor diesem Hintergrund möchte ich vor allem die Wertschätzung hervorheben. Wertschätzung und Liebe sind zwei sehr kreative und beglückende Wirkmächte. Geringschätzung dagegen führt meistens zu Destruktivität. Das sollte man nie vergessen, auch wenn dabei das eigene Gefühl der Überlegenheit verlockend zu sein scheint. Geringschätzung in Auseinandersetzungen ist nicht nur eine Meinung, sondern sie ist in Wahrheit ein Angriff auf das Selbstwertgefühl des Gegenübers. Und das erlebt das Gegenüber als Kränkung und reagiert mit Ohnmachtsgefühlen. Nur, bei nächster Gelegenheit wird er oder sie zum Gegenschlag ausholen. So kränken wir uns gegenseitig und nehmen in Kauf, dass wir uns und unsere Gesellschaft damit schädigen.

Mit welchen Werten kann ein Unternehmen langfristig erfolgreich am Markt agieren? Bringt Wertschätzung auch Wertschöpfung?

Menschliches Miteinander wird durch Wertschätzung immer befördert, auch weil Interessen besser ausgehandelt werden können. Das trägt zur Wertschöpfung bei. Die Frage ist nur, was passiert, wenn maximaler Profit eher dann realisierbar zu sein scheint, wenn man ideelle Wertschöpfung missachtet? Nun habe ich selbst kein Wirtschaftsunternehmen geführt, und kann daher wenig zu solchen Marktmechanismen sagen. Allerdings war ich lange Intendantin von zwei Opernhäusern, und das zu einer Zeit, in der Kunst zu überflüssigem Luxus erklärt wurde, den man immer weniger finanzieren wollte. Insofern war ich unentwegt mit der Auflage zu großen Einsparungen konfrontiert. Die Politik hatte da ein Patentrezept: Reduzieren Sie Ihre Ausgaben, das heißt in unserem Fall die Gagen oder die Anzahl der Künstler, und mehren Sie Ihre Einnahmen durch ein gefälliges Programm.

Als ich im Jahr 2004 an die Deutsche Oper Berlin kam, hatte ich als Regisseurin und Intendantin bereits genügend Erfahrung, um zu wissen, dass in der Kunst Mogelpackungen nicht funktionieren. Aber um es vorwegzunehmen, es ist uns tatsächlich gelungen, die Publikumsauslastung so zu steigern, dass wir unsere Einnahmen verdoppeln konnten.

Nur das mit einem ganz anderen Credo: Alles, was wir auf die Bühne bringen, soll wertschöpfend und sinnstiftend sein. Jeder Opernabend soll dem Zuschauer etwas geben, was er in seinem Alltag oft schwer findet: Inspiration und Erkenntnis. Wir Künstler wollten Positionen beziehen, die die Menschen bewegten. Die Werbung erzählt auch schöne Geschichten, aber nicht, um die Wahrheit zu sagen. Sie bewegt auch Menschen, aber vor allem zum Konsum. Es ging uns immer um mehr, als das Publikum durch geschicktes Marketing in gefällige Vorführungen zu locken. Es ging um den besonderen Blick, eine Analyse der Gesellschaft, die nicht durch Macht- und Profitinteressen korrumpiert ist. Solche anderen Perspektiven zu bebildern und zu beschreiben, ist eine wichtige Funktion, die Künstler in unserer Gesellschaft innehaben sollten. Das gleiche gilt für Journalisten und Wissenschaftler.

Bei der Gestaltung des Programms haben wir alles darangesetzt, auch die Fachleute zu begeistern. Das sind die Opernkenner, die Fans, andere Künstler und die Fachpresse, kurz alle, die den Kunstmarkt beobachten und etwas davon verstehen. Unter ihnen findet man starke Meinungsführer, die dann zu den Zugpferden für ein immer größer werdendes Publikum wurden. Ich glaube daher an den inhaltlichen Anspruch und an die Qualität. Das ist etwas, was das Marketing kommuniziert, aber nicht ersetzen kann.

Die Digitalisierung schreitet voran. Brauchen wir neue Werte in unserer neuen digitalen Welt, die gerade mit einer unglaublichen Schnelligkeit unser aller Leben verändert?

Die überlieferten Werte bleiben auch in Zeiten der Digitalisierung gültig. Allerdings gibt es Zeiten, in denen bestimmte Werte mehr in den Vordergrund treten als andere. Ich bezweifle, dass es nur das Hochhalten von Werten ist, das Erfolg verspricht. Aus Sicht der Regisseurin kann ich sagen, dass man nur dann künstlerisch überlebt, wenn man etwas Neues und für die Gesellschaft Relevantes wagt. Wir müssen uns immer wieder um die echte Innovation bemühen. Das kostet durchaus Kraft und erfordert Mut, denn es ist ja auch immer mit einem großen Risiko verbunden. Paradoxerweise war es so, dass gerade die Planungen zu den größten Erfolgen wurden, die am Anfang am meisten umstritten waren. Da darf man sich nicht beirren lassen. Wir alle sind viel zu oft versucht, an Bewährtem festzuhalten und alte Erfolgsmodelle zu wiederholen. Aber das gelingt in der Regel nicht, weil der Mensch und sein Blick auf die Welt sich so schnell verändern. Das hat sich zum Beispiel bei Nokia gezeigt. Das Unternehmen ist innerhalb weniger Jahre vom Markt verschwunden, weil es den Trend zum Smartphone nicht richtig antizipiert hatte. Gabriele Riedmann de Trinidad, Expertin für Geschäftsfeldinnovationen und IT-Lösungen, vertritt ebenfalls die Meinung, dass nur Innovation in die Zukunft weist. Innovationen erhalte ich durch Kreativität, und diese braucht Wertschätzung. Denn in einem kreativen Prozess geht es darum, zunächst alle Ideen zuzulassen, auch die scheinbar verrücktesten. Wie oft entwickelt sich erst aus einem abwegigen Gedanken die neue zündende Idee.

> **Wie oft entwickelt sich erst aus einem abwegigen Gedanken die neue zündende Idee.**

Selbst Fehler und Irrtümer sollte man zu schätzen lernen, denn dadurch muss man sich zwangsläufig etwas Neues einfallen lassen. Der Irrtum ist Teil der Kreativität und so manches Mal eine Vorstufe der Innovation. Ich habe alles darangesetzt, die Kreativität meiner Mitarbeiter in einem Umfeld der Wertschätzung zu fördern und zu schützen. Mitarbeiter, die sich nicht irren dürfen, werden logischerweise nur noch das tun, was man von ihnen verlangt. Das bringt weder ein Opernhaus noch ein Unternehmen voran. Darauf kann man aus meiner Sicht gar nicht genug achten.

Werteerziehung gehört zu den großen Herausforderungen unserer Zeit. Mit welchen Wertvorstellungen gehen junge Menschen heute ins Leben und sind diese Wertvorstellungen zukunftsfähig?

Über „die Jugend" zu sprechen ist schwierig. Dennoch beobachte ich, dass viele (junge) Menschen ein diffuses Gefühl des Ungenügens in sich tragen. Ich habe mich oft gefragt, woher das kommt. Es ist zumindest symptomatisch, dass der Fokus anderer oft auf den Defiziten liegt, ob in der Schule oder im Arbeitsleben. Es werden Schwächen attackiert und Stärken beneidet, statt sie positiv zu sehen und zu befördern. Auch in der Politik wäre ein Umdenken dringend notwendig. Ich finde es grauenvoll, wie manche Politiker sich gegenseitig diffamieren, abwerten und größtmögliche persönliche Kränkungen zufügen, oft ohne Belege, statt in einen Wettbewerb der besseren Ideen einzutreten. Wäre ich Journalist, ich würde mich weigern, derartige Wortgefechte zu zitieren und stattdessen nur noch das aufgreifen, was Sinn stiftet und den Diskurs voranbringt.

Spannend ist die Frage, wonach junge Menschen streben, denn das zeigt, was ihnen eigentlich fehlt. Sehr oft wünschen sich Jugendliche stabile Beziehungen, glückliche Familien und verlässliche Freundschaften. Doch das ist in unserer Gesellschaft nicht mehr so leicht zu finden.

Ein weiterer wichtiger Aspekt ist die fehlende Anerkennung. Das zeigt sich nicht zuletzt an der oft exzessiven Selbstdarstellung junger Menschen im Netz. Beim Selfie wird das Glück vorgegaukelt und das Bild von dem Menschen geschönt. Es fehlt das Gefühl, sich selbst und anderen zu genügen. Geringschätzungen sind in unserer Gesellschaft weit verbreitet, Kränkungen und

> **Mitarbeiter, die sich nicht irren dürfen, werden logischerweise nur noch das tun, was man von ihnen verlangt.**

Abwertungen als Machtmittel anerkannt. Es ist dringend an der Zeit, über diese Mechanismen nachzudenken und sie zu korrigieren.

Es wäre einmal ein interessantes Experiment, eine Woche lang seinen Mitarbeitern nur noch das zu sagen, was man an ihnen gut findet und was man sich von ihnen wünscht, und alles andere für sich zu behalten.

Korruption, Ränkeschmiede, Vetternwirtschaft: ein Blick auf die globalisierte Welt stärkt nicht gerade das Vertrauen in funktionierende Wertesysteme. Wie können wir in unserer alles andere als perfekten Welt Werte erfolgreich leben?

Korruption entsteht aus Gier. Einer der weisesten Sätze sagt dagegen „Geben ist seliger denn Nehmen". Glücklicherweise haben etliche Menschen ihn auf ihre Fahnen geschrieben, und es ist beeindruckend, was sie damit bewirken. Ohne sie würde die Gesellschaft zusammenbrechen. Zurzeit beobachten wir, dass das Thema „Sharing" immer wichtiger wird. Wir teilen dabei nicht nur Gegenstände, sondern auch Zeit oder Fähigkeiten. Das halte ich für einen guten Trend.

Menschen, die in der Lage sind, etwas zu geben, empfinden das oft als beglückend. Sie erhalten dafür etwas zurück, was ihnen wichtiger ist als Geld, weil es sie im Innersten berührt: Vertrauen, Anerkennung, Wertschätzung und Liebe.

Welche Persönlichkeit des öffentlichen Lebens hat für Sie wirklich Vorbildfunktion und wenn ja, warum?

Diese Frage ist nicht leicht zu beantworten. Es gibt viele vorbildhafte Menschen. Am meisten bewundere ich Menschen, die in uneigennützigen Hilfsorganisationen Großartiges leisten, wie zum Beispiel Ärzte ohne Grenzen.

Menschen, die in der Lage sind, etwas zu geben, empfinden das oft als beglückend.

KIRSTEN HARMS

VERANT
WORTLICH,
TEAM
ORIENTIERT
&
UNTERNEH
MERISCH

MAXIMILIAN VIESSMANN

„Wir haben uns für die drei Werte ‚verantwortlich‘, ‚teamorientiert‘ und ‚unternehmerisch‘ entschieden. Mit ihren Sub-Dimensionen gewährleistet unser Wertekompass sowohl ein gutes, transparentes und produktives Miteinander im Team als auch ein nachhaltiges, kundenfokussiertes und unternehmerisches Handeln, das uns den Erfolg in der Zukunft sichert."

Max Viessmann ist Co-CEO der Viessmann Group. Die 12.000 Mitglieder große „Viessmann Familie" schafft Lebensräume für die Generationen von morgen. Neben der digitalen Transformation und der kulturellen Erneuerung treibt er die Weiterentwicklung des Heizungs- und Klimageschäfts voran. Die Werte „verantwortlich", „teamorientiert" und „unternehmerisch" machen klar, dass die Menschen im Vordergrund stehen und die Entwicklung und Diversität der Mitarbeiter vorangetrieben werden. Durch den Venture Capital Fonds Vito Ventures und den Company Builder WATTx werden „Deep-Tech"-Potenziale erschlossen. VC/O in Berlin kümmert sich um die digitale Verlängerung des Kerngeschäfts. Vor seinem Einstieg in das 102-jährige Unternehmen war Max Viessmann als Unternehmensberater bei der Boston Consulting Group und als Angel Investor in Europa und Asien unterwegs. Er ist studierter Wirtschaftsingenieur des Karlsruhe Instituts für Technologie (KIT) und der TU Darmstadt.

Welche Werte haben für Sie besondere Bedeutung und warum?

Als Familienunternehmen in vierter Generation und im zweiten Jahrhundert seiner Geschichte, haben Unternehmenswerte für uns einen immens hohen Stellenwert. Sie sind für alle 12.000 Mitglieder der Viessmann-Familie greifbar, sodass sich jeder mit ihnen identifizieren und nach ihnen leben kann. Sie sind Grundlage unseres Selbstverständnisses und unseres täglichen Handelns. Wir haben uns für die drei Werte "verantwortlich", "teamorientiert" und "unternehmerisch" entschieden. Mit ihren Sub-Dimensionen gewährleistet unser Wertekompass sowohl ein gutes, transparentes und produktives Miteinander im Team als auch ein nachhaltiges, kundenfokussiertes und unternehmerisches Handeln, das uns den Erfolg in der Zukunft sichert. Gleichzeitig zahlen sie auf unser Unternehmensleitbild ein, Lebensräume für zukünftige Generationen zu schaffen und unseren Planeten als lebenswerten Ort für unsere Kinder und Kindeskinder zu erhalten.

Mit welchen Werten kann ein Unternehmen langfristig erfolgreich am Markt agieren? Bringt Wertschätzung auch Wertschöpfung?

Je nach Branche, Marktposition und Kunden hat jedes Unternehmen sicherlich spezielle Anforderungen an seine Werte. Aber natürlich gibt es grundlegende Prinzipien wie Verantwortung, die für ein nachhaltig erfolgreiches Handeln extrem wichtig sind. Gleich welche Werte im Fokus stehen, viel entscheidender ist, dass man Werte klar kommuniziert, sie greifbar und erlebbar macht, sie wertschätzt und vor allem auch konsequent danach handelt. Werte müssen mit Leben gefüllt werden, ansonsten bleiben sie leere Lippenbekenntnisse oder künstliche Marketinginstrumente. Und nur wer seinen Kolleginnen und Kollegen diese Werte ehrlich und authentisch vorlebt, erhält Zustimmung und Glaubwürdigkeit.

Die Digitalisierung schreitet voran. Brauchen wir neue Werte in unserer neuen digitalen Welt, die gerade mit einer unglaublichen Schnelligkeit unser aller Leben verändert?

Werte geben gerade im digitalen Zeitalter mit seinen sich rasend vollziehenden Veränderungen Stabilität und Sicherheit. Es kann aber durchaus erforderlich werden, tradierte Werte in Bezug auf wandelnde Bedingungen zu erweitern. Nehmen wir beispielsweise die Null-Fehler-Kultur, die wir in Bezug auf unsere Unternehmenskultur modernisiert haben. Offen und ehrlich mit Fehlern umgehen, aus ihnen lernen und den Lerneffekt teilen – das ist der neue Kern. Ein weiteres Beispiel ist Transparenz. Bei uns hatte sie immer einen hohe Stellenwert, dennoch gab es Grenzen, sodass eine Reihe von Entscheidungen nicht unternehmensweit kommuniziert wurde. Im Zuge unseres Kulturwandels haben wir die Transparenz so erweitert, dass nahezu alle Entscheidungen sämtlichen Kolleginnen und Kollegen über alle Hierarchie- und Abteilungsebenen hinweg regelmäßig kommuniziert werden.

Werteerziehung gehört zu den großen Herausforderungen unserer Zeit. Mit welchen Wertvorstellungen gehen junge Menschen heute ins Leben und sind diese Wertvorstellungen zukunftsfähig?

Unserer Erfahrung nach unterscheiden sich die Werte junger Menschen gar nicht so sehr von denen älterer Generationen, wie häufig behauptet wird. Wir können bei unseren engagierten Azubis und dualen Studenten immer wieder beobachten, dass Werte wie Offenheit und Ehrlichkeit, aber auch Fleiß und Disziplin eine extrem wichtige

> Unserer Erfahrung nach unterscheiden sich die Werte junger Menschen gar nicht so sehr von denen älterer Generationen, wie häufig behauptet wird.

Rolle spielen. Junge Menschen lernen gerne von Älteren und können aufgrund ihres Wissensvorsprungs in ihrer Lebensphase auch umgekehrt Wissen an ihre älteren Kollegen weitergeben, beispielsweise bei der Nutzung sozialer Medien. Wichtig ist, dass dieser Dialog im Unternehmen gefördert wird; dann profitiert das Unternehmen selbst auch in erheblichem Maße. Das ist eine enorme Chance – nicht nur für die Wirtschaft, sondern auch für die Gesellschaft.

Korruption, Ränkeschmiede, Vetternwirtschaft: Ein Blick auf die globalisierte Welt stärkt nicht gerade das Vertrauen in funktionierende Wertesysteme. Wie können wir in unserer alles andere als perfekten Welt Werte erfolgreich leben?
   Wir können lediglich mit gutem Beispiel vorangehen. Es ist zu einfach, ständig auf die Fehler anderer zu schauen; wir müssen das Heft selbst in die Hand nehmen. Das ist eines der einfachen, aber höchst wirksamen Erfolgsrezepte, die Viessmann in den vergangenen Jahrzehnten zu dem gemacht haben, was wir heute sind.

Welche Persönlichkeit des öffentlichen Lebens hat für sie wirklich Vorbildfunktion und wenn ja, warum?
   Hier möchte ich Richard Branson nennen. Er verkörpert für mich eine gute Mischung aus unternehmerischer Leidenschaft und einem klaren „Purpose", für den er antritt. Ich teile seine Entschlossenheit, mit der er für die Wahrung unseres Planeten für zukünftige Generationen eintritt und seinen Einsatz für andere junge Unternehmen wie beispielsweise Hyperloop, die von seiner Unterstützung profitieren. ▬

TOLE RANZ & INTE GRI TÄT

CHRIS BARTZ

„Eine Unternehmenskultur, in der Heterogenität als Vorteil gesehen wird, halte ich für die Kernstärke eines Unternehmens."

Chris Bartz ist CEO & Co-Founder von Elinvar. Mit seiner Erfahrung aus mehr als 20 Jahren in der Finanzbranche und einem starken Fokus auf Kundennutzen ist er erster Ansprechpartner für Vermögensverwalter und Privatbanken als Kunden von Elinvar. Als Branchenexperte engagiert er sich für ein leistungsfähiges Ökosystem für Fintech und Digital Banking sowie die Vorteile der Digitalisierung allgemein. Dies gilt auch für seine Aufgabe als Vorsitzender des FinTechRats beim Bundesministerium für Finanzen und des Arbeitskreises FinTechs & Digital Banking beim Bitkom. Vor der Gründung von Elinvar war er unter anderem Venture Partner bei FinLeap, Leiter Unternehmensstrategie und Kommunikation bei der Weberbank und der Mittelbrandenburgischen Sparkasse sowie in unterschiedlichen Funktionen für die Deutsche Bank und die Dresdner Bank tätig. Er ist Alumnus der Frankfurt School of Finance & Management, der Università Bocconi sowie der London Business School.

Welche Werte haben für Sie besondere Bedeutung und warum?

Eine Unternehmenskultur, in der Heterogenität als Vorteil gesehen wird, halte ich für die Kernstärke eines Unternehmens. An erster Stelle stehen für mich Toleranz und Offenheit. Hier stimme ich dem bekannten amerikanischen Wirtschaftswissenschaftler Richard Florida zu, der intensiv zu dem Thema Kreativindustrie forscht. Er fasst es gut zusammen: "It's not that gays and diversity equal high technology. But if your culture is not such that it can accept difference, and uniqueness and oddity and eccentricity, you will not get high tech industry."

Eine offene Gesellschaft zieht die Toptalente an, die für den wirtschaftlichen Erfolg entscheidend sind. Auch im Hinblick auf die wirtschaftliche und gesellschaftliche Entwicklung, in die wir gerade hineinlaufen, beschäftigt mich dieses Thema sehr.

Weitere wichtige Werte sind Integrität und Moral, also verantwortungsbewusstes Handeln als Unternehmen und Unternehmer in Kombination mit hoher Transparenz. Mit der Digitalisierung verbunden ist eine deutliche Zunahme an Transparenz. Das bedeutet, Menschen können besser beurteilen, wie sich Unternehmen verhalten. Moralisch einwandfreies Verhalten wird also noch wichtiger. Ein Beispiel aus der Vergangenheit: Ich fand es bemerkenswert, wie Apple sich gegen die Überwachungsinteressen des FBI stellte und sich weigerte, Daten seiner Kunden herauszugeben. Solche gelebten Überzeugungen prägen das Image nachhaltig.

Mit welchen Werten kann ein Unternehmen langfristig erfolgreich am Markt agieren? Bringt Wertschöpfung auch Wertschätzung?
Ich betrachte diese Frage derzeit vor allem aus dem Blickwinkel eines Unternehmens im Aufbau. Offenheit steht für mich dabei absolut im Vordergrund. Um die Toptalente zu gewinnen, die wir brauchen, leben und erwarten wir ein offenes, tolerantes und vom Interesse am Anderssein geprägtes Miteinander. Wir haben in unserer Firma aktuell rund 100 Mitarbeiter aus mehr als 35 verschiedenen Nationen vereint. Das bedeutet unterschiedliche kulturelle Hintergründe, unterschiedliche persönliche Präferenzen, unterschiedliche Sprachen. Daher ist es wichtig, Menschen zu finden, die aus tiefster Überzeugung tolerant und begeistert miteinander arbeiten. Wir leben einfach in einer Zeit, in der es wichtig ist, voneinander zu lernen und offen miteinander umzugehen.

Insgesamt bin ich davon überzeugt, dass wertebewusstes Handeln auch Wertschöpfung bringt. Digitalisierung ist vor allem eine Frage der Talente. Gute Mitarbeiter finde ich, wenn ich ein spannendes und inspirierendes Umfeld biete. Nicht zuletzt deshalb haben wir uns bei der Standortwahl für Berlin entschieden. Hier finden wir die Talente, die wir brauchen. Die Stadt ist gerade für innovationsfreudige, kreative Menschen sehr spannend und bietet Chancen, die es an anderen Standorten in dieser Form nicht gibt.

Doch mindestens genauso wichtig wie der Standort ist das Unternehmensklima. Gute Mitarbeiter gewinnt und hält man nur dann, wenn sie fair und moralisch integer behandelt werden. Und das ist ein wichtiger Wettbewerbsvorteil. Daher ist für mich das Leben und Vorleben von Werten sehr wichtig. Ich kann nicht Wasser predigen und Wein trinken. Werte müssen im täglichen Umgang gelebt werden.

Die Digitalisierung schreitet voran. Brauchen wir neue Werte in unserer neuen digitalen Welt, die gerade mit einer unglaublichen Schnelligkeit unser aller Leben verändert?
Definitiv brauchen wir eine gesellschaftliche Diskussion zu einzelnen Fragestellungen. Konkretes Beispiel: Kern der Digitalisierung ist auch der Umgang

mit Daten. In Deutschland ist das Prinzip der Datensparsamkeit prägend. Das halte ich persönlich für Unsinn, weil es sich letztlich gegen die Interessen des Kunden richtet, für ihn selbst bestmögliche passende Lösungen zu erhalten. Ich glaube vielmehr an das Prinzip der Datensouveränität, das bedeutet: Kunden müssen in der Lage sein, eigenverantwortlich mit ihren Daten umzugehen. Beim iPhone gibt es zum Beispiel verschiedene Einstellungsmöglichkeiten. Als Nutzer kann ich vorgeben, welche Daten Apple sehen soll und welche nicht. Das halte ich für sehr wichtig.

Zweitens glaube ich an Transparenz. Das heißt, um Datensouveränität zu gewährleisten, muss ich Transparenz haben, also verstehen, was mit meinen Daten passiert. Sonst kann ich meine Souveränität gar nicht ausleben.

Und Drittens glaube ich an Datenmoral. Unternehmen, die moralisch korrekt mit den Daten ihrer Kunden umgehen, haben aus meiner Sicht auch wirtschaftliche Vorteile.

Diesen Dreiklang aus Datensouveränität, Transparenz und Datenmoral halte ich für wichtig, und er wird uns in den kommenden Jahren sicherlich noch stark beschäftigen. Ein Beispiel aus der Vermögensverwaltung: Wenn der Kunde Daten bereits bei seiner Bank hinterlegt hat, kann er erwarten, dass diese auch entsprechend genutzt werden. Wenn ich mitgeteilt habe, dass ich verheiratet bin und zwei Kinder habe, erwarte ich, dass bei einer Anlagestrategie diese Information berücksichtigt wird und ich keine Empfehlungen erhalte, die in diesem Kontext keinen Sinn für mich machen. Wenn ich einem Unternehmen also meine Daten gebe, erwarte ich, dass es diese auch nutzt, um mir bessere Empfehlungen zu unterbreiten.

Das ist allerdings eine klare Gegenposition zum Prinzip der Datensparsamkeit, das in Deutschland noch zu häufig vertreten wird. Daher ist es aus meiner Sicht an der Zeit, über diese neuen Werte intensiver nachzudenken. Dass dies den Nerv der Zeit trifft, zeigt sich immer wieder. Die Menschen in Deutschland gehen offen und interessiert an das Thema Digitalisierung heran. Es wäre wünschenswert, wenn wir dieses Interesse fördern, uns zugleich aber auch klarmachen, dass wir im Hinblick auf das Datenregelwerk noch einiges vor uns haben.

Werteerziehung gehört zu den großen Herausforderungen unserer Zeit. Mit welchen Wertevorstellungen gehen junge Menschen heute ins Leben und sind diese Wertvorstellungen zukunftsfähig?

Jüngere Menschen haben aus meiner Sicht oft eine zukunftsorientiertere Wertehaltung als viele ältere Menschen, denn sie sind in der Regel offener und toleranter. Das zeigte sich zum Beispiel bei der Abstimmung über den Brexit, bei der sich die jüngere Generation deutlich europafreundlicher positionierte als die ältere. Auch Verlustängste mit Blick auf Veränderungen sind eher bei älteren Menschen ein Thema.

Dennoch bin ich mit Pauschalisierungen eher vorsichtig. Viel hängt aus meiner Sicht von der sozialen Prägung ab, also dem Elternhaus, Reisen und vor allem der Bildung. Menschen, die reisen, setzen sich mit anderen Kulturen auseinander, und Rassismusprobleme tauchen am ehesten bei jenen auf, die keine Ausländer kennen.

> Jüngere Menschen haben aus meiner Sicht oft eine zukunfts-orientiertere Werte-haltung als viele ältere Menschen.

Wertevermittlung ist ein zentrales Thema und birgt auch manche Herausforderung. Hier gilt eben auch: vorleben. Wichtig ist, die Auseinandersetzung mit anderen Kulturen zu fördern und junge Leute zu ermuntern, auf andere Menschen offen zuzugehen.

Korruption, Ränkeschmiede, Vetternwirtschaft: Ein Blick auf die globalisierte Welt stärkt nicht gerade das Vertrauen in funktionierende Wertesysteme. Wie können wir in unserer alles andere als perfekten Welt, Werte erfolgreich leben?

Ich bin davon überzeugt, dass wir in Europa die Chance haben, skalierbare Modelle zu schaffen, wo Menschen unterschiedlicher Kulturkreise zusammenarbeiten. Was meine ich damit: Belgier und Italiener arbeiten gemeinsam und stehen für eine Sache ein. Daran glaube ich. Europa ist eine Chance und daher begrüße ich Initiativen wie die pro-europäischen Sonntagsdemonstrationen.

Ohne Zweifel leben wir in einer Welt, in der in den vergangenen Jahren viele Herausforderungen entstanden sind. Ich glaube, das hat viel mit Angst vor Veränderung zu tun. Ein Blick auf die Wahlergebnisse zeigt, dass viele Menschen in einem Bewahrungsreflex verhaftet sind.

Bei der Industrialisierung hatten die Menschen ähnliche Anpassungsschwierigkeiten. Deshalb ist es so wichtig, dass wir bei der Digitalisierung die Menschen mitnehmen und im Hinblick auf unsere bunter werdende Gesellschaft die Vorteile des „Miteinander" in den Vordergrund stellen. Die Flucht in die Bewahrung bringt uns nicht weiter.

Bei der Digitalisierung müssen wir weg vom ob und hin zum wie. Ob die Digitalisierung kommt ist nicht die Frage, sie ist schon da. Wir können das Internet nicht wieder abstellen, nur weil die Veränderungen von manchen anscheinend als zu groß empfunden werden. Die Frage ist vielmehr, wie wir mit den neuen Herausforderungen am besten umgehen.

Aufgrund der stärkeren internationalen Vernetzung sind Toleranz und echtes Interesse am anderen noch wichtiger geworden.

Daher ist für mich eine entscheidende Frage, welches Wertesystem wir als Grundfundament haben. Die Digitalisierung wird zu einer international größeren Transparenz führen. Aufgrund der stärkeren internationalen Vernetzung sind Toleranz und echtes Interesse am anderen noch wichtiger geworden. Wenn Länder gegeneinanderstehen, haben wir das Risiko, dass sich durch so extreme Veränderungen wie die Digitalisierung nicht lösbare Konflikte ergeben. Bei der Industrialisierung konnten wir das beobachten. Daher müssen wir alles daransetzen, dass so etwas nicht wieder geschieht.

Die Digitalisierung birgt viele Chancen, die vor allem von der jungen Generation erkannt werden. Allerdings handelt es sich dabei in der Regel nicht um blinde Akzeptanz, denn die Herausforderungen werden generationenübergreifend erkannt. Unsere Aufgabe ist es, die Herausforderungen anzunehmen und zugleich die Chancen der Digitalisierung zu vermitteln und entsprechend zu begleiten.

Aus diesem Grunde engagiere ich mich auch in der Wertekommission. Gutes Vorleben ist der größte Hebel für positive Veränderungen. Wenn Führungskräfte und Spitzenpolitiker Angst vor der Veränderung haben, dann wird das die Gesellschaft negativ prägen. Wenn wir jedoch die Chancen einer positiven und offenen Einstellung erkennen und jeder in seinem Umfeld positive Werte vorlebt, kann dies viel bewirken. In Deutschland sind wir da auf einem guten Weg.

> **Gutes Vorleben ist der größte Hebel für positive Veränderungen.**

Welche Persönlichkeit des öffentlichen Lebens hat für Sie wirklich Vorbildfunktion und warum?

Eine schwierige Frage, denn es fällt mir schwer einzelne Menschen als Vorbilder herauszugreifen. Mich begeistern eher Initiativen wie zum Beispiel die Solidaritätskampagne „HeForShe", die Männer motivieren will, sich auf Augenhöhe mit den Frauen für die Gleichberechtigung einzusetzen, und die gemeinsamen Stärken der Geschlechter zu nutzen.

Auch die Initiative betterplace.org halte ich für erwähnenswert. Dabei handelt es sich um Deutschlands größte Spendenplattform, mit der jeder auf seine Weise dazu beitragen kann, dass unsere Welt ein etwas besserer Ort wird. ▬

VER-
TRAU-
EN

DR. TOM DRIESEBERG

„Vertrauen ist für mich die conditio sine qua non des menschlichen Miteinanders, weil dieser Wert wie eine Matrix über jeden anderen Wert läuft."

Dr. Tom Drieseberg ist seit 2003 geschäftsführender Gesellschafter der Weingüter Geheimrat J. Wegeler GmbH & Co KG und seit 2007 zudem geschäftsführender Gesellschafter des Weinguts Krone Assmannshausen GmbH & Co KG. 1958 in Neustadt an der Weinstraße geboren, studierte er Betriebswirtschaftslehre und Soziologie an der Universität Trier sowie am Virginia Polytechnic Institute in Blacksburg, Virginia, mit Abschluss Diplom-Kaufmann. Bevor er die berufliche Liebe und Leidenschaft für den Wein entdeckte, war er erst Assistent des Vorstandsvorsitzenden der AEG Hausgeräte GmbH, später Marketingleiter AEG Hausgeräte GmbH und anschließend Marketingleiter der Elektrolux-Gruppe Deutschland. Er ist zudem Autor diverser Publikationen zum Thema Lebensstilforschung.

Welche Werte haben für Sie besondere Bedeutung und warum?

Vertrauen ist für mich die conditio sine qua non des menschlichen Miteinanders, weil dieser Wert wie eine Matrix über jeden anderen Wert läuft. Ich kann mutig, erfindungsreich und tolerant sein, doch wenn es mir nicht gelingt, ein Vertrauensverhältnis zu meiner Umwelt aufzubauen, dann wird das menschliche Miteinander nicht wirklich gelingen. Die Entwicklung von Gemeinschaft hängt maßgeblich davon ab, ob zwischen Menschen ein Vertrauensverhältnis besteht oder nicht. Erwartungen an etwas oder jemanden werden von Erfahrungen gespeist. Erfahrungen, die Menschen machen, führen sofort zu neuen Erwartungen. Erst wenn dieser Kreislauf funktioniert, entsteht Vertrauen.

Wenn ein Vertrauensverhältnis erst einmal erschüttert ist, kann es sehr lange dauern, bis es wiederhergestellt werden kann. Manchmal gelingt es gar nicht mehr, vor allem dort, wo Menschen sehr emotional aufgestellt sind. Die Entwicklungspsychologie eines Menschen orientiert sich zum großen Teil an diesem Vertrauenskonstrukt.

Mit welchen Werten kann ein Unternehmen langfristig erfolgreich am Markt agieren? Bringt Wertschätzung auch Wertschöpfung?

Wertschätzung ist aus meiner Sicht wichtig, aber im geschäftlichen Umfeld sicherlich nicht das wichtigste Element. Die Erfahrung zeigt, dass man ein Unternehmen auch erfolgreich führen kann, ohne den Mitarbeitern besondere

Wertschätzung entgegen zu bringen. Die spannende Frage ist allerdings, um wieviel erfolgreicher die Firma wäre, wenn man die Mitarbeiter zusätzlich noch wertschätzen würde.

Werte und Wertschätzung spielen eine wichtige Rolle. Vor allem Vertrauen und Integrität stehen für mich auch im beruflichen Miteinander an erster Stelle und bedingen einander sogar. Ich kann von niemandem Integrität erwarten, der zu mir kein Vertrauen hat, weil er immer seine eigenen Bedürfnisse in den Vordergrund stellen wird.

Wenn ich Vertrauen und Integrität in einem Unternehmen etabliert habe, kann ich auch schwierige Zeiten gut überstehen.

Wenn ich Vertrauen und Integrität in einem Unternehmen etabliert habe, kann ich auch schwierige Zeiten gut überstehen. Beides sind sicherlich nicht die wichtigsten Erfolgsfaktoren im Geschäftsleben; diese sind für mich die Qualität, das Preis-Leistungs-Verhältnis, Innovationen und nicht zuletzt die Art, wie ich meine Interessen durchsetze.

Eine sehr erfolgreiche Durchsetzungsstrategie liegt zum Beispiel in einer Monopolstellung begründet, die ein Produkt, einen Vertriebsbereich oder ein gesetzlich definiertes Segment schützt. Doch auch in diesen Bereichen ist die Implementierung der Werte Vertrauen und Integrität essentiell. Offenkundig wird dies immer dann, wenn vitale Krisen zur Bewältigung anstehen.

Die Digitalisierung schreitet voran. Brauchen wir neue Werte in unserer neuen digitalen Welt, die gerade mit einer unglaublichen Schnelligkeit unser aller Leben verändert?
Die Digitalisierung fegt in einem dramatischen Tempo über uns alle hinweg. Bisher haben wir nur geringe Auswirkungen verspürt. Doch auf mittlere Sicht wird die Digitalisierung die Daseinsbedingungen unseres wirtschaftlichen und menschlichen Miteinanders neu ordnen. Welche Entwicklungen noch kommen werden, kann kaum jemand verlässlich vorhersagen. Aber wenn man sieht, wie Instagram eine ganze Branche ausgelöscht hat oder die Download-Plattformen für Musik einen kompletten Wirtschaftszweig revolutioniert haben, wenn man sieht, wie im Bereich der kaufmännischen Dienstleistungen

DR. TOM DRIESEBERG

Banken und Versicherungen ihre Verwaltungstätigkeiten in einem dramatischen Tempo digitalisieren, dann kann man bereits erahnen, welche raumgreifende Bewegungen durch die Digitalisierung noch in Gang gesetzt werden.

Über die Folgen der digitalen Revolution gehen die Meinungen sehr stark auseinander. Auf der einen Seite stehen diejenigen, die davon ausgehen, dass die Digitalisierung lediglich zu einer massiven Verschiebung von Arbeitsplätzen führt und auf lange Sicht die Welt für alle besser wird. Auf der anderen Seite gibt es die Skeptiker, die davon ausgehen, dass sich die bisherige Systematik wirtschaftlicher Evolutionen jetzt ändern wird.

Ich persönlich sehe einen aufkommenden digitalen Neo-Feudalismus. In einem über Jahrzehnte funktionierenden Wirtschaftskreislauf, in dem die Wertschöpfung – wenn auch asymmetrisch – an Viele verteilt wurde, erleben wir durch die Digitalisierung eine ganz neue Art der Verteilung von Wertschöpfung. Mark Zuckerberg konnte sich vor die Weltpresse stellen und verkünden, dass er in den kommenden Jahren drei Milliarden US-Dollar für soziale Projekte spenden wird. Daraufhin stand die Welt auf und klatschte Beifall. Aber die zentrale Frage, ob wir als Gesellschaft wollen, dass ein so großer Teil der Wertschöpfung bei einer Person landet, die dann entscheiden kann, welche sozialen Programme laufen, blieb im Hintergrund. In diesem Modell verdienen einige Wenige Milliarden, während eine immer größere Zahl von Menschen leer ausgeht. In diesem Zusammenhang wird auch immer wieder das bedingungslose Grundeinkommen diskutiert. Wenn wir die Verteilungsfrage der Wertschöpfung aus den Folgen der Digitalisierung nicht lösen, dann wird auf dieser Welt eine kleine Gruppe von Menschen die Wertschöpfung abgreifen, die noch zehn Jahre zuvor Millionen Menschen einen Lebensunterhalt garantiert hat.

Es gibt durchaus Befürworter dieses Neo-Feudalismus, die davon überzeugt sind, dass hundert Milliardäre unsere Welt besser regieren könnten als alle Politiker zusammen. Die Frage sei aber noch einmal gestellt. Wollen wir als Gesellschaft dieses Modell? Wollen wir die Steuerung unserer Gesellschaft an einige Wenige Unternehmer abgeben?

So wie wir bisher mit den Folgen der Digitalisierung umgegangen sind, wird es aus meiner Sicht spätestens in einer Dekade nicht mehr funktionieren.

Werteerziehung gehört zu den großen Herausforderungen unserer Zeit. Mit welchen Wertvorstellungen gehen junge Menschen heute ins Leben und sind diese Wertvorstellungen zukunftsfähig?

Eine homogene Gruppe jugendlicher Menschen gibt es aus meiner Sicht nicht. Daher ist diese Frage auch schwer zu beantworten. Generationenkonflikte hat es immer schon gegeben. Was heute für die 15- bis 25-Jährigen selbstverständlich ist, hat mit meiner Jugend nichts mehr zu tun. Aber im Prinzip hat sich die Systematik der Generationsübergänge wenig geändert. Die alte Generation ist für die Gegenwart verantwortlich, während die junge Generation die Zukunft gestaltet. Daran wird sich auch nichts ändern. Von „der Jugend" zu sprechen, die sich in multiple kulturelle, ökologische und ökonomische Segmente differenziert, halte ich für unmöglich. Die ältere Generation sollte aber der Jugend vor allem bei der Frage, wie man die kollektiv verabschiedeten Werte selbst lebt, ein Vorbild sein. Wenn das gelingt, können wir vielleicht darauf vertrauen, dass die nachfolgende Generation dies auch so macht.

Generell erscheint es mir aber wichtig, dass wir von sogenannten Schattenwerten abrücken. Korrupte Systeme bauen auf einer Zweiwertigkeit auf. Auf der einen Seite werden öffentlich Werte proklamiert, auf der anderen Seite orientiert sich gerade dort ein Teil der Eliten selbst nicht an diesen Werten. Ein Blick auf die derzeitige amerikanische Führungsriege zeigt das beispielhaft. Präsident Donald Trump verkündet in seinem offiziellen Regierungsprogramm „Amerika First". Es ist aber zu vermuten, dass damit „Trump and Friends First" gemeint ist.

Ich denke, wir sollten vielmehr eine Ebene höher gehen und uns fragen, wie schafft es eine Gesellschaft, den durch Konsens offiziell vereinbarten Wertekanon auch zu leben. Und je besser der gesellschaftliche Wertekanon mit den individuell gelebten Werten synchronisiert ist, desto besser funktioniert eine Gesellschaft.

Korruption, Ränkeschmiede, Vetternwirtschaft: Ein Blick auf die globalisierte Welt stärkt nicht gerade das Vertrauen in funktionierende Wertesysteme. Wie können wir in unserer alles andere als perfekten Welt Werte erfolgreich leben?

Wir müssen als Gesellschaft Sorge dafür tragen, dass die Schere zwischen offiziell proklamierten und gelebten Werten nicht noch größer wird. Schließlich

DR. TOM DRIESEBERG

gründet eine Demokratie auf kollektiv verabschiedeten Werte, die wir alle als Teil der Gesellschaft mittragen.

Wenn sich die politischen, kulturellen und geistlichen Führer einer Gesellschaft selbst am öffentlichen Eigentum bedienen, dann darf man sich nicht wundern, wenn alle anderen das ebenso machen. Wenn eine Gesellschaft sich stärker als Gemeinschaft versteht, wie das zum Beispiel in skandinavischen Ländern zu beobachten ist, sind Übergriffe am Gemeinschaftseigentum deutlich seltener anzutreffen. Und wenn es einer Gesellschaft gelingt, die kollektiv vorgegebenen Werte auch individuell zu leben, sind wir da, wo wir hinwollen.

In dem lesenswerten Buch „World Peace Through World Law" von Louis B. Sohn und Grenville Clark aus dem Jahr 1958 geht es genau um diese Themen. Die grundlegende These lautet: Es kann auf der Welt nur dann ein friedliches Miteinander geben, wenn die Grundwerte von allen Staaten einvernehmlich definiert und vereinbart werden. Das Gewaltmonopol, das jeder Staat für sich beansprucht, sollte aus Sicht der Autoren auf der ganzen Welt von den Vereinten Nationen gehalten werden, um ein friedliches Miteinander zu gewährleisten. Das wäre die Umsetzung des europäischen Gedankens der Staatengemeinschaft auf die Weltgemeinschaft.

Welche Persönlichkeit des öffentlichen Lebens hat für Sie wirklich Vorbildfunktion, und warum?
Bischof Kamphaus ist für mich ein großes Vorbild, weil er das, was er predigt, auch lebt. Franz Kamphaus war von 1982 bis 2007 Bischof von Limburg und hat sich dort durch eine progressive Haltung und persönliche Bescheidenheit einen Namen gemacht. Als ich ihn einmal auf einer Veranstaltung erleben durfte, konnte ich beobachten, wie er im Anschluss in einen alten Golf stieg und wegfuhr. Das fand ich beeindruckend. Sein Glanz strahlt vor der Kontrastfolie anderer Bischöfe, die das genaue Gegenteil repräsentieren. Zuletzt arbeitet Kamphaus als Seelsorger in einem Stift für behinderte Kinder, obwohl er einen stattlichen Ruhestand genießen könnte.

Und hier kommen wir zu dem zentralen Punkt. Ein Mensch sollte authentisch sein und das, wovon er überzeugt ist, nicht nur propagieren, sondern auch leben. Die persönliche Synchronisierung von Anspruch und Wirklichkeit ist für mich das Maß der Dinge. ▬

FREI
HEIT

━━━━━ **CARSTEN RATH**

„Mein oberstes Lebensmotiv ist
die Freiheit. Ich halte Freiheit für
einen ganz lebenspraktischen
Wert, kein hehres Ideal aus dem
Elfenbeinturm."

Carsten K. Rath ist Keynote-Speaker, Autor und Managementberater zu den Themen Führung und Service. Der Entrepreneur beginnt seine Karriere in der Grand Hotellerie: 1997 eröffnet er das Hotel Adlon in Berlin, später ist er Geschäftsführer der Robinson Club GmbH, CEO des Arabella Starwood und Aufsichtsrat in den Design Hotels. Mit den ‚Kameha Hotels & Resorts‘ etabliert er seine eigene Hotelmarke, die er erfolgreich 2017 verkauft. Als Managementberater gibt er Unternehmen jeder Größenordnung Impulse für Kundenbegeisterung und zukunftsfähige Managementkonzepte. Seine Innovationskraft in Führung und Service wurde u. a. mit dem ‚Innovationspreis der Deutschen Tourismusbranche‘ und Auszeichnungen als ‚Arbeitgeber des Jahres‘, ‚Hotelmanager des Jahres‘ sowie ‚Gastgeber des Jahres‘ prämiert. Als Autor veröffentlichte er zehn Bücher, darunter der Sachbuch-Spitzentitel „Ohne Freiheit ist Führung nur ein F-Wort". Außerdem schreibt er für Handelsblatt, XING, ahgz und andere Medien.

Welche Werte haben für Sie besondere Bedeutung und warum?
Mein oberstes Lebensmotiv ist die Freiheit. Ich halte Freiheit für einen ganz lebenspraktischen Wert, kein hehres Ideal aus dem Elfenbeinturm. Aber ich weiß auch, wie schwierig sie ist. In meinen jungen Jahren war ich sehr unfrei, wie viele Menschen – damals vielleicht noch mehr als heute. Bei meiner Ausbildung als Hotelfachmann im Hochschwarzwald erlebte ich, wie man Menschen mit einem Übermaß an Druck und Kontrolle begradigt und ultimativ vergrault. Das waren prägende Jahre, das schüttelt man nicht so leicht ab.

Deshalb war es nur logisch, dass ich im zweiten Schritt selbst erst einmal zu einer karriereorientierten, kontrollsüchtigen Führungskraft wurde. Es hat lange gedauert, bis ich den Zusammenhang erkannte zwischen meiner persönlichen Unfreiheit und meinem Unbehagen als Führender.

Seit einigen Jahren bin ich als Unternehmer und als Mensch nun wirklich frei – so frei jedenfalls, wie es uns als sozialen Wesen eben möglich ist. Und ich versuche jeden Tag, diese Freiheit mit anderen zu teilen. Denn wer seinen Mitarbeitern nicht traut, hat Mitarbeiter, die sich nichts trauen.

Die Freiheit ist mein großes Ziel. Manchmal hat es mich fast gebrochen. Aber immer einmal mehr hat es mir den Hals gerettet. Jeder Mensch braucht einen Grund, um weiterzumachen. Die Freiheit ist meiner.

Mit welchen Werten kann ein Unternehmen langfristig erfolgreich am Markt agieren? Bringt Wertschätzung auch Wertschöpfung?

Wertschätzung ist für mich ein integraler Bestandteil von Redefreiheit im Unternehmen. Die wirkt sich definitiv auf die Effektivität aus, ja. In meinem Buch „Ohne Freiheit ist Führung nur ein F-Wort" habe ich dem Thema Führungskommunikation genau aus diesem Grund ein ganzes Kapitel gewidmet. Wenn Menschen offen miteinander reden können, dann können sie einander auch vorbehaltlos wertschätzen, ohne auf kritische Reibungen zu verzichten. Das gilt in unseren privaten Beziehungen übrigens genauso wie in den beruflichen. Das Prinzip Freiheit funktioniert im Unternehmen nur dann, wenn es auf den tragenden Säulen von vier verbindlichen Kernwerten ruht. Mein Führungsprinzip heißt V hoch 4: Vertrauen, Vorbild, Verantwortung, Verpflichtung. Ich halte Vertrauen für den wichtigsten Hebel des Unternehmenserfolgs und jeder Zusammenarbeit. Wenn ich Führung nicht als Beziehungspflege betrachte, laufen mir meine besten Mitarbeiter davon. Das kann sich in Zeiten des Fachkräftemangels kein Unternehmen mehr leisten. Vorbild heißt: Wenn ich will, dass meine Mitarbeiter freiwillig und selbstbestimmt handeln, dann muss ich ihnen das vorleben. Verantwortung bedeutet: Wenn ich will, dass die Mitarbeiter Verantwortung für gemeinsame Ziele übernehmen, dann gelingt mir das nur, wenn ich mich auch als verantwortungsbewusster Chef zeige. Mit der Verpflichtung ist es genauso: Meine Mitarbeiter werden sich der gemeinsamen Mission nur verpflichtet fühlen, wenn ich ihnen zeige, dass ich sie auch selbst an die erste Stelle setze, und nicht meinen Chefstatus. Vertrauen, Vorbild, Verantwortung, Verpflichtung: Das sind die vier Kernwerte, auf denen langfristiger Erfolg aufbaut. Ohne sie ist auch keine Unternehmenskultur zu haben, die allen die Freiheit schenkt, die sie brauchen.

Wir leben in einer Welt, die uns mehr Freiheiten schenkt als je zuvor.

CARSTEN RATH

Die Digitalisierung schreitet voran. Brauchen wir neue Werte in unserer neuen digitalen Welt, die gerade mit einer unglaublichen Schnelligkeit unser aller Leben verändert?

Ich glaube nicht, dass wir neue Werte brauchen. Meine Haltung ist vielmehr, dass die eben genannten Grundwerte an Bedeutung hinzugewinnen und wir sie in den Mittelpunkt rücken sollten. Dann, und nur dann, können wir die Chancen nutzen, die in der Digitalisierung liegen.

Je weiter sich die digitale Kommunikation ausdifferenziert, desto wichtiger ist es, dass wir einander vertrauen können. Der Datenskandal bei Facebook zeigt in aller Deutlichkeit, wie verletzlich ein Wert wie Vertrauen ist – und wie wichtig gleichzeitig. Ein Mangel an Vertrauen kann Gesellschaften zu Fall bringen, also natürlich auch Unternehmen. Wir sollten uns dieser Risiken sehr bewusst sein. Nicht nur an der Spitze von Unternehmen, sondern auch in der eigenen alltäglichen Lebenswelt.

Mit Sorge beobachte ich, wie sehr wir uns von digitalen Medien und Stimmen abhängig machen, ohne sie zu hinterfragen. Wir leben in einer Welt, die uns mehr Freiheiten schenkt als je zuvor. Doch anstatt diese Freiheiten zu nutzen, begeben wir uns freiwillig in neue Abhängigkeiten und merken es oft nicht einmal. Unsere Welt verändert sich. Und wir haben noch nicht gelernt, zentrale Werte wie Vertrauen und Verantwortung konsequent auf diese neue Welt anzuwenden. Ich wünsche mir, dass wir in diesem Lernprozess wachsam bleiben. Denn damit steht und fällt unsere persönliche Freiheit.

Werteerziehung gehört zu den großen Herausforderungen unserer Zeit. Mit welchen Wertvorstellungen gehen junge Menschen heute ins Leben und sind diese Wertvorstellungen zukunftsfähig?

Ich stimme Ihnen vollkommen zu: Die Werteerziehung gehört zu den großen Herausforderungen. Unsere Kinder wachsen in einer Welt auf, in der Wertorientierung und Wertignoranz sehr nahe beieinander liegen. Wir haben die Verantwortung dafür, dass sie inmitten all dieser Komplexität lernen zu differenzieren.

Was ich in meinen Unternehmen spüre ist, dass die jungen Menschen ihr Leben mit einer anderen Haltung angehen als wir damals. Sie sind freier, lassen sich weniger kontrollieren, ziehen klarer ihre Grenzen. Das begrüße ich sehr. Allerdings geht damit auch die Gefahr einher, dass man sich in Abgrenzung definiert, anstatt sich einen eigenen Weg zu suchen und proaktiv für die eigenen Werte einzustehen. In diesem Sinne wünsche ich mir von den jungen Generationen vor allem den Mut zu gestalten. Ohne den ist all die Freiheit, die wir heute genießen, nämlich nichts wert.

Der Weg in die Abhängigkeit ist immer kurz. Egal, wie weiter wir gekommen sind. Die aktuellen politischen Tendenzen zeigen, wie schnell die bestehende Ordnung kippen kann, und zwar in einem globalen Maßstab. Zum Guten, aber auch zum Schlechten. Und das Zünglein an der Waage sind jene Werte, auf denen unsere Freiheit ruht. Ich bin davon überzeugt, dass sie den jungen Menschen genauso eingebaut sind wie jeder Generation zuvor. Sie sind zukunftsfähig, und sie werden sich ihren Weg bahnen. Nur ist heute die Versuchung größer, sie für selbstverständlich zu halten.

Für mich liegt die größte Herausforderung darin, jungen Menschen zu zeigen, dass es sich lohnt, ihre Werte hochzuhalten und zu verteidigen. Denn es gibt zu viele allzu leicht zugängliche Stimmen, die es damit nicht so genau nehmen und ihre Verantwortung missbrauchen.

Für mich liegt die größte Herausforderung darin, jungen Menschen zu zeigen, dass es sich lohnt, ihre Werte hochzuhalten und zu verteidigen.

Korruption, Ränkeschmiede, Vetternwirtschaft: ein Blick auf die globalisierte Welt stärkt nicht gerade das Vertrauen in funktionierende Wertesysteme. Wie können wir in unserer alles andere als perfekten Welt Werte erfolgreich leben?

Zunächst einmal: einsam. Vielleicht klingt das erst einmal paradox im Zeitalter der Vernetzung. Doch ich beobachte, dass wir nach und nach verlernen, uns unseren eigenen Werten in aller Konsequenz zu stellen. Wir sind ständig beschäftigt, ständig unterwegs, ständig unter Druck. Es ist leicht, auf Selbstreflexion zu verzichten. „Getting things done" ist zu einem Mantra der Selbstverleugnung geworden. Das gilt auch und besonders für die Führenden in Politik bis Wirtschaft, die für die Zustände verantwortlich sind, die Sie beschreiben.

CARSTEN RATH

Als Führender muss man lernen, einsam zu sein und einsame Entscheidungen zu treffen. Das ist keine Kleinigkeit. Vielen ist das nicht bewusst, wenn sie in Führungspositionen gespült werden. Plötzlich sollen sie wichtige Entscheidungen treffen, die viele andere Schicksale berühren. Wer da seine Werte nicht als klaren Kompass vor Augen hat, ist schnell korrumpiert und wird zu einem „Corporate Monkey". Werte erfolgreich leben heißt auch, gegen den Strom schwimmen, wenn nötig. Und das kann nur, wer sich seiner eigenen Werte auch wirklich bewusst ist.

Unsere Gesellschaft wird oft als individualistisch beschrieben. An ihren schlechteren Tagen würde ich sie eher als Welt der Opportunisten beschreiben. Ich glaube, wir sind noch längst nicht individualistisch genug – jedenfalls nicht im Sinne der Wertorientierung.

Welche Persönlichkeit des öffentlichen Lebens hat für Sie wirklich Vorbildfunktion und wenn ja, warum?
Nachdem ich die Freiheit als mein zentrales Lebensmotiv beschrieben habe, wird Sie die Wahl nicht überraschen: Nelson Mandela. Ich bin ihm in Südafrika begegnet. Das war wenige Monate nach seiner Entlassung aus dem einjährigen Hausarrest, der auf 27 Jahre Haft ja noch folgte. Und diese Begegnung hat tiefe Spuren bei mir hinterlassen.

Er besuchte damals das Hotel in Paarl, in dem ich gerade arbeitete. Für einige Minuten stand ich auf der Terrasse in seiner Nähe und bemerkte, wie er die Aussicht in sich aufsog. Und dann fiel es mir wie Schuppen von den Augen: Sein Blick fiel genau auf das Gelände gegenüber dem Hotel, in dem er seinen Hausarrest verbracht hatte. Ausgerechnet. Ich schämte mich in diesem Moment, aber ich konnte nichts tun. Was mich so faszinierte, war sein Blick. In seinen Augen war keine Wut, kein Hass. Er strahlte Ruhe und Güte aus, selbst bei diesem Anblick. Und dann hörte ich ihn sagen: „Was für ein wunderschönes Land, in dem wir leben. Ein fabelhafter Ausblick."

Nelson Mandela war nach einem halben Leben im Gefängnis innerlich frei. Er konnte sein Land und sogar die Welt verändern, indem er nichts als seinen Werten gefolgt ist. Dafür habe ich ihn sehr bewundert. ▬

WEL
OFFENHEIT,
VERLÄSS-
LICHKEIT,
AUFRICHTIG-
KEIT &
VERTRAUEN

━━━━━ **PROF. JÖRG ROCHOLL PH.D.**

„Weltoffenheit ist für mich einer der wichtigsten
Werte. Gerade in einer Zeit, in der wir zum einen die
Globalisierung mit all ihren Folgen für die Staaten
erleben und zum anderen manche Rückfälle in den
Nationalismus erfahren müssen, ist eine weltoffene
Haltung besonders wichtig."

Prof. Jörg Rocholl Ph.D., ist Präsident der ESMT Berlin. Er ist darüber hinaus stellvertretender Vorsitzender des Wissenschaftlichen Beirats beim Bundesfinanzministerium sowie stellvertretender Vorsitzender des Vereins für Socialpolitik. Prof. Rocholl hat an der Universität Witten/Herdecke Wirtschaftswissenschaften studiert und mit Auszeichnung abgeschlossen. Nach seiner Promotion an der Columbia University in New York wurde er zum Assistant Professor an die University of North Carolina in Chapel Hill berufen. Er forscht und lehrt seit 2007 an der ESMT und wurde 2011 zum ihrem Präsidenten ernannt. Seine Forschungsinteressen liegen in den Bereichen Corporate Finance, Corporate Governance, Financial Intermediation, Zentralbanken und Finanzregulierung. Seine Arbeiten wurden in führenden wissenschaftlichen Fachmagazinen veröffentlicht.

Welche Werte haben für Sie besondere Bedeutung und warum?

Weltoffenheit ist für mich einer der wichtigsten Werte. Gerade in einer Zeit, in der wir zum einen die Globalisierung mit all ihren Folgen für die Staaten erleben und zum anderen manche Rückfälle in den Nationalismus erfahren müssen, ist eine weltoffene Haltung besonders wichtig.

Auch auf Verlässlichkeit, Aufrichtigkeit und Haltung lege ich großen Wert, weil sie das Leben einfacher und angenehmer gestalten. Wenn ich mich auf das Wort meines Gegenübers verlassen kann, brauche ich mir nicht immer wieder Gedanken darüber zu machen, ob das Vereinbarte auch eingehalten wird.

Diese Verhaltensweisen münden für mich schließlich in einem ganz zentralen Wert: Vertrauen. Wenn ich jemandem vertrauen kann, wird der Austausch und die Zusammenarbeit mit ihm angenehm, weil ich weiß, dass sein Wort gilt. Ohne Vertrauen ist das menschliche Miteinander sowohl in privater als auch in beruflicher Hinsicht nicht möglich.

Leider verstehen manche Menschen erst, wie wichtig Vertrauen ist, wenn sie es verspielt haben. Das Vertrauen eines Menschen zu gewinnen, ist ein oft langwieriger Prozess, doch verlieren kann man das Vertrauen in den anderen sehr schnell.

Mit welchen Werten kann ein Unternehmen langfristig erfolgreich am Markt agieren? Bringt Wertschätzung auch Wertschöpfung?

Ich bin zutiefst davon überzeugt, dass langfristiges Denken und Handeln am Ende nicht nur Wertschätzung, sondern auch Wertschöpfung bringt. Das hängt mit verschiedenen Faktoren zusammen. Ökonomisch betrachtet werden die sogenannten Transaktionskosten durch Wertschätzung geringer. Wenn ich zum Beispiel weiß, dass ich meinem Geschäftspartner vertrauen kann, muss ich mich nicht mehr in jeglicher Hinsicht absichern. Wichtig ist in diesem Zusammenhang auch die Tatsache, dass Geschäftsbeziehungen in der Regel nicht einmalig sind, was neudeutsch als „repeated game" bezeichnet wird. Eine gewinnbringende Beziehung zwischen Geschäftspartnern funktioniert aber nur, wenn keiner der beiden opportunistisch handelt und eine einmalige Gelegenheit zu seinem Vorteil ausnutzt.

> **Ich bin zutiefst davon überzeugt, dass langfristiges Denken und Handeln am Ende nicht nur Wertschätzung, sondern auch Wertschöpfung bringt.**

Die hohe Transparenz hat den Stellenwert der Reputation noch einmal erhöht. Ein guter Ruf war schon immer geschäftsfördernd, doch noch nie konnte man ihn so schnell verlieren wie heute, wo über Social Media Informationen in Sekundenschnelle bis in den hintersten Winkel der Welt gelangen. Ein schlechter Ruf macht heute schnell die Runde, und das wirkt sich irgendwann auch auf die Geschäftszahlen aus.

Die Digitalisierung schreitet voran. Brauchen wir neue Werte in unserer neuen digitalen Welt, die gerade mit einer unglaublichen Schnelligkeit unser aller Leben verändert?

Die Digitalisierung hat unser Leben nicht nur transparenter und schneller gemacht, sondern auch zu einer wahren Informationsflut geführt, die für den einzelnen kaum noch zu bewältigen ist. Zudem ist es nur schwer einzuschätzen, ob das, was an Informationen aus dem Netz kommt, auch wirklich der Realität entspricht. Hier lauern Gefahren, die die Nutzer zu besonderer Vorsicht im Umgang mit der digitalen Welt zwingen.

Bei der Frage, ob wir neue Werte brauchen, fällt mir ein Spruch von Gustav Radbruch ein, einem der führenden Politiker der Weimarer Republik. Auf die Frage, ob Politik den Charakter verdirbt, hat er gesagt: „Politik verdirbt nicht den

Charakter, sondern erprobt ihn." Übertragen auf die Digitalisierung, könnte man sich nun fragen: Verdirbt die Digitalisierung den Charakter? Ich denke, dass dies nicht der Fall ist, auch wenn es Menschen gibt, die die Anonymität des Netzes für Hetze und Verleumdung nutzen. Aber sicherlich erprobt die Digitalisierung den Charakter des Menschen, weil Respekt, Haltung und Würde im Internet keine Selbstgänger sind.

Es ist interessant, dass durch die Digitalisierung das „global village" Wirklichkeit geworden ist. Zugleich findet aber eine Rückbesinnung auf das eigene Umfeld und persönliche Beziehungen statt. Schnell hatten die Menschen erkannt, dass eine Facebook-Freundschaft nicht automatisch eine enge persönliche Bindung widerspiegelt, was die Diskussion um den Wert persönlicher Kontakte befördert hat.

Große Veränderungen hat die Digitalisierung auch im Hinblick auf die Schnelligkeit im Berufsleben gebracht. Wir haben einen enormen Produktivitätszuwachs erfahren. Das merke ich zum Beispiel dann, wenn ich an wissenschaftlichen Arbeiten sitze und mit Kollegen an demselben Dokument arbeiten und Änderungen in Sekundenbruchteilen verschicken kann. Andererseits bewirken die Schnelligkeit und die Fülle an Informationen einen Mangel an „attention". Der amerikanische Sozialwissenschaftler Herbert Simon hat das folgendermaßen zusammengefasst: „Der Reichtum an Informationen führt zu einer Armut an Aufmerksamkeit." Über viele Jahre war die Kernfrage: Wie komme ich an Informationen? Heute haben wir eine Vielzahl an Informationen, und die Herausforderung ist, die Aufmerksamkeit auf das zu lenken, was für uns relevant ist und was nicht.

Werteerziehung gehört zu den großen Herausforderungen unserer Zeit. Mit welchen Wertvorstellungen gehen junge Menschen heute ins Leben und sind diese Wertvorstellungen zukunftsfähig?
Als Professor stehe ich täglich mit vielen jungen Menschen in Kontakt und beobachte, das die Fragen nach der Sinnhaftigkeit der Tätigkeit und der gesellschaftlichen Auswirkungen des eigenen Handelns für junge Menschen sehr wichtig sind. Auf der anderen Seite stehen Unternehmen dadurch vor der nur schwer zu bewältigenden Herausforderung, diese Themen in den Berufsalltag zu integrieren. Ein Unternehmen muss verschiedenen Interessengruppen

gerecht werden, seien es die Mitarbeiter, die Kapitalmärkte oder auch gesellschaftliche Strömungen. Das ist im Alltag oft ein Balanceakt.

Die Finanzmarktkrise vor gut zehn Jahren hat in der Bankenlandschaft auch die Frage aufgeworfen, welche Werte im Studium vermittelt werden sollten und was bereits in der Ausbildung getan werden kann, um die damaligen Exzesse zu vermeiden. Diese Themen beschäftigen uns auch an der ESMT in Berlin. Der Gründungsdekan unserer Hochschule hat die Ausbildung und das Studium einmal mit einem Führerschein verglichen und dieses Bild überzeugt mich bis heute: Die Bildungsinstitution kann den Führerschein zwar ausstellen, aber Unfälle vermeiden kann sie nicht. Hier ist also Eigeninitiative gefragt. Erfreulich ist allerdings, dass die Diskussion um werteorientiertes Handeln an den Universitäten in den vergangenen Jahren an Bedeutung gewonnen hat. Sicherlich ist Werteerziehung keine alleinige Aufgabe der Universität, sie sollte im Idealfall bereits in Elternhaus und Schule erfolgt sein. Aber die Universität kann einen nicht unwesentlichen Beitrag bei der Werteerziehung junger Menschen leisten. Spannend ist dieses Thema vor allem dann, wenn junge Leute unterschiedlicher Nationalitäten aufeinandertreffen, wie wir immer wieder feststellen können. So unterscheidet sich zum Beispiel der westliche Wertekanon durch die Betonung der Individualität von dem in China, wo das Kollektiv viel stärker im Mittelpunkt steht. Das zeigt auch ein Blick auf das in Deutschland viel diskutierte „social scoring" der chinesischen Regierung, das hierzulande auf deutlich größeren Widerstand stoßen würde als in China.

Vor diesem Hintergrund ist es auch wichtig, die Diskussion um sogenannte Mindeststandards weiterzuführen, die in einer globalisierten Welt Handlungsrichtlinien für den Umgang miteinander bieten. Wir brauchen Weltoffenheit und Toleranz, aber auch allgemeingültige Regeln, um zu einem sinnvollen Miteinander zu finden. Hier gilt für mich wieder: Längerfristige Vertrauensbildung sollte das Ziel sein, nicht transaktionaler Opportunismus.

Korruption, Ränkeschmiede, Vetternwirtschaft: ein Blick auf die globalisierte Welt stärkt nicht gerade das Vertrauen in funktionierende Wertesysteme. Wie können wir in unserer alles andere als perfekten Welt Werte erfolgreich leben?
Korruption und Vetternwirtschaft sind aus meiner Sicht noch immer viel zu weit verbreitet und stehen in manchen Ländern dem Fortschritt massiv im

PROF. JÖRG ROCHOLL PH.D.

Weg. Gleichzeitig bin ich optimistisch, weil sich in den vergangenen Jahren auch einiges getan hat. So wird zum Beispiel jährlich der Korruptionsindex veröffentlicht, und die gesetzlichen Rahmenbedingungen sind besser geworden. Hilfreich ist auch die höhere Transparenz, die es den Handelnden deutlich schwerer macht, unlauteres Verhalten vor der Öffentlichkeit zu verbergen.

Menschen in verantwortungsvollen Positionen müssen sich gerade vor diesem Hintergrund noch mehr Gedanken darüber machen, was sie tun. Das hat auch das Strache-Video gezeigt, das die österreichische Regierung zu Fall gebracht hat. In gewisser Weise sind solche Vorkommnisse ja auch eine Warnung für andere. Fehlverhalten kommt heutzutage viel leichter ans Licht einer breiten Öffentlichkeit, als es noch vor ein paar Jahrzehnten der Fall war.

Dennoch bleibt Korruption ein signifikantes Problem, um das sich die Staaten kümmern müssen.

Welche Persönlichkeit des öffentlichen Lebens hat für Sie wirklich Vorbildfunktion und wenn ja, warum?
Ich finde es schwierig, hierauf zu antworten. Daher möchte ich hier lieber auf ein Buch verweisen, das mich besonders beeindruckt hat, weil der Autor aufzeigt, wie positiv sich die Welt in den vergangenen Jahren entwickelt hat. Solche Signale zu setzen, halte ich in unserer Gesellschaft für sehr wichtig. Der Titel des Buchs lautet: „Factfullness" von Hans Rosling. Und was mich als Wissenschaftler besonders freut: Alle Aussagen sind mit Fakten unterlegt. So geht es zum Beispiel um die Frage, wie viele Kinder bis zum ersten Lebensjahr schon eine Impfung bekommen haben. Oder wie einfach ist der Zugang zu Trinkwasser? Fast jeder dieser Indikatoren zeigt eine deutliche Verbesserung innerhalb der vergangenen Jahrzehnte. Das lässt mich hoffnungsvoll in die Zukunft blicken. Ich möchte gerade deshalb auf dieses Buch verweisen, weil es Mut macht und den Stimmen widerspricht, die von Verfall der Sitten und Untergang der Menschheit sprechen.

Auch wenn es bestimmt noch viele Aufgaben zu lösen gibt, haben die Menschen schon viel erreicht. Es ist wichtig, sich nicht von Pessimismus herunterziehen zu lassen, sondern auch einmal mit Freude auf das bereits Erreichte zu blicken und es als Ansporn für die Zukunft zu begreifen. ▬

FREIHEIT & VER- ANTWOR- TUNG

DR. SVEN MURMANN

„Freiheit und Verantwortung sind für mich die wichtigsten Werte. Wenn wir den Wertebegriff zu einer normativen Größe machen, wie wir ihn im Grundgesetz verankert haben, dann gilt Freiheit durchaus auch als Wert."

Dr. Sven Murmann ist Verleger und geschäftsführender Gesellschafter des Verlags- und Medienhauses Murmann Publishers. Er studierte Philosophie, Politische Wissenschaften und Psychologie in München und Cambridge (USA). Es folgten die Promotion im Fachgebiet Politische Philosophie und eine Forschungs- und Lehrtätigkeit an der Universität Zürich. Seit 2002 hat er einen Lehrauftrag für Philosophie im Studium Generale an der Bucerius Law School in Hamburg. Sven Murmann engagiert sich ehrenamtlich unter anderem als Vorsitzender des Stiftungsrats beim Schleswig-Holstein Musik Festival (SHMF) und als stellvertretender Vorstandsvorsitzender der Stiftung der Deutschen Wirtschaft (sdw).

Welche Werte haben für Sie besondere Bedeutung und warum?

Freiheit und Verantwortung sind für mich die wichtigsten Werte. Wenn wir den Wertebegriff zu einer normativen Größe machen, wie wir ihn im Grundgesetz verankert haben, dann gilt Freiheit durchaus auch als Wert. Für mich geht die wirtschaftliche Freiheit dann einher mit sozialer Verantwortung. Verantwortung sowohl innerhalb eines Unternehmens als auch gegenüber der Gesellschaft. Das bedeutet, dass alle Menschen der normativen Rahmenordnung entsprechend handeln sollten. Für mich sind Freiheit und Verantwortung daher das leitende Begriffspaar, nicht nur beruflich, sondern auch im privaten Umfeld.

Mit welchen Werten kann ein Unternehmen langfristig erfolgreich am Markt agieren? Bringt Wertschätzung auch Wertschöpfung?

Zu unser aller Frustration können auch solche Unternehmen, die nicht nach wertorientierten Leitsätzen handeln und eindimensional wirtschaftliche Aspekte in den Vordergrund stellen, sehr robust sein. Wir sehen auch immer wieder Fälle von großen, korrupten Organisationen und Unternehmen, die oft über viele Jahre hinweg ein gravierendes Verantwortungsversagen vertuschen können. Ich glaube daher, dass es schwierig ist, zu sagen, Wertschätzung bringt zugleich auch Wertschöpfung. Es kommt sehr auf die agierenden Persönlichkeiten an. Dabei steht die

Frage im Mittelpunkt, ob die Wertschätzung echt oder nur vorgetäuscht ist und welche Wertschöpfung wir meinen. Eine rein materielle Wertschätzung in Form von Incentives bringt erwiesenermaßen keine höhere Wertschöpfung, weil die agierenden Personen dann nur ihr eigenes Interesse im Blick haben. Anders ist es bei der immateriellen Wertschätzung in Form von Zuwendung und Anerkennung. Hierin sehe ich großes Potential. Ich bin davon überzeugt, dass motivierte Mitarbeiter, die Freude an ihrer Arbeit haben, auch wertschöpfend tätig sind.

Wichtig ist, dass wir in Unternehmen auch auf Strukturen und Prozesse schauen. Organisationen müssen Routinen, Standards und Rituale entwickeln, die alle ermutigen, sich wertschätzend zu verhalten. Ich habe eine eher normative Vorstellung von Werten, denn Werte sind subjektiv. Jeder legt Werte auf seine Weise aus. Für den einen ist seine gesellschaftliche Verantwortung schon erfüllt, wenn er seine Steuern zahlt, der andere stiftet zugleich noch zehn Prozent seines Einkommens für soziale Zwecke. Daher ist es so wichtig, dass wir uns auf Standards einigen.

Die Digitalisierung schreitet voran. Brauchen wir neue Werte in unserer neuen digitalen Welt, die gerade mit einer unglaublichen Schnelligkeit unser aller Leben verändert?
Die Digitalisierung führt neue Werte in unsere Gesellschaft ein. Hierzu gehört die neue Transparenz von Daten, was zum Beispiel dazu geführt hat, dass Menschen ihre „Ichs" in sozialen Medien öffentlich dokumentieren. Das hat es vorher nicht gegeben.

Bezogen auf Unternehmen haben wir es bei der Zusammenarbeit mit ganz neuen Wertvorstellungen und damit einhergehenden kulturellen Änderungen zu tun. Hierbei denke ich an Themen wie Agilität, die New Work-Diskussion oder das sogenannte „Collaborative Work". Das sind neue Wertvorstellungen, die sich sogar bis zu den Themen Arbeitsplatzgestaltung und Arbeitskultur erstrecken.

Die entscheidende Frage ist nun, welche Werte wir diesem Schub an neuen Entwicklungen entgegenhalten, um uns davon nicht überrollen zu lassen. Hier spanne ich den Bogen zu meinen anfangs genannten Werten Freiheit und Verantwortung.

Ich glaube, dass der Wert der persönlichen Freiheit in Zeiten der Digitalisierung von großer Bedeutung ist. Hierzu gehört auch die Frage, wem unsere Daten gehören. Auch die Frage der Verantwortung halte ich für sehr wichtig, denn die Digitalisierung führt auch zu einer Technologisierung der Arbeitswelt. Es findet also eine Entpersonalisierung bis hin zur künstlichen Intelligenz statt. Das rückt die Frage in den Vordergrund, wer nun eigentlich verantwortlich ist. Wenn Robo-Advisor entscheiden sollen, haben wir eine neue Dimension von Verantwortung, die wir diskutieren müssen.

Werteerziehung gehört zu den großen Herausforderungen unserer Zeit. Mit welchen Wertvorstellungen gehen junge Menschen heute ins Leben und sind diese Wertvorstellungen zukunftsfähig?

Das Wort „Erziehung" finde ich per se schwierig und würde hier lieber von Vermittlung sprechen. In meinem Umfeld komme ich häufig mit sehr zielstrebigen jungen Menschen zusammen, die genau wissen, was sie wollen. Oft steht die Frage nach dem Sinn der Tätigkeit und der Work-Life-Balance im Mittelpunkt. Das lässt auf den ersten Blick eine verwöhnte und egoistische Haltung vermuten, ist aber bei genauem Hinsehen eine Orientierung an Werten, die der älteren Generation gut tut. Die Frage, ob wir so weitermachen sollten wie bisher, ist durchaus berechtigt.

Dabei sind wir wieder beim Thema Digitalisierung, die ja weitgehend von dieser jungen Generation getrieben wird, die ganz selbstverständlich in digitalen Welten agiert und vollkommen anders kommuniziert als die Generation 50-plus. Die jungen Menschen haben, aus meiner Sicht, hochgradig zukunftsfähige Wertvorstellungen. Wirtschaftlich halte ich diese Wertvorstellungen für erfolgversprechend, politisch halte ich sie teilweise für naiv.

Wir haben es bei den jungen Menschen sicherlich nicht mit einer neuen 68-er Generation zu tun, die sehr theoriegeladen und systemkritisch agiert. Junge Leute äußern und engagieren sich heute anders und möchten die Dinge heute schnell und einfach verbessern.

> Junge Leute äußern und engagieren sich heute anders und möchten die Dinge heute schnell und einfach verbessern.

Sie werden häufig unterschätzt, nur weil diese Generation nicht auf die Straße geht und neue Gesellschaftsmodelle entwirft.

Korruption, Ränkeschmiede, Vetternwirtschaft: ein Blick auf die globalisierte Welt stärkt nicht gerade das Vertrauen in funktionierende Wertesysteme. Wie können wir in unserer alles andere als perfekten Welt Werte erfolgreich leben?
Es gibt Entwicklungen im internationalen Umfeld, die ich wenig beeinflussen und verändern kann. Als selbständiger Unternehmer habe ich allerdings bei mir selbst und in meinem Umfeld viele Möglichkeiten, dagegen zu halten. Märkte sind unglaublich komplex und vielfältig. Es gibt immer Partner, die die eigenen Wertvorstellungen teilen, und man muss nicht mit jedem Geschäft machen. Warum soll ich zum Beispiel mein Geschäftskonto bei einer Bank haben, die gerade in einen Korruptionsskandal verwickelt ist. Das ist das Gute an unserer demokratisch freiheitlichen Gesellschaft: Wir haben die Wahl.

Auch als Konsument kann ich Unternehmen meiden, die meine Wertvorstellungen nicht teilen. Jeder von uns hat viele Möglichkeiten, die Welt positiv zu verändern.

Allerdings braucht das seine Zeit. Wenn ich bedenke, dass ich bereits vor etwa 35 Jahren anfing, bewusster zu leben und zu konsumieren, sieht man, wie träge das System ist.

Welche Persönlichkeit des öffentlichen Lebens hat für Sie wirklich Vorbildfunktion und wenn ja, warum?
Vorbildfunktion haben für mich sowohl Personen als auch Institutionen, die verantwortlich handeln und sich selbst zurücknehmen, um die Sache in den Mittelpunkt stellen. Ich bewundere Menschen, die für ihre Werte einstehen, diese klar und deutlich kommunizieren und vor allem nicht die einfachen Lösungen suchen. Es ist wichtig, die Gesellschaft immer wieder herauszufordern, über ihr Handeln nachzudenken und neue Wege aufzuzeigen.

Zum Glück gibt es viele herausragende Menschen, die ich hier nennen könnte, doch einzelne Namen würden aus meiner Sicht in dieser Frage zu kurz greifen.

INTEGRITÄT & VERTRAUEN

STEPHAN GEMKOW

„Für mich sind die Werte Integrität und Vertrauen am wichtigsten. Integrität beinhaltet für mich eine innere Haltung, die sich an Maßstäben orientiert. Das bedeutet, dass mein Handeln für mein Gegenüber berechenbar wird und man sich auf die Gültigkeit dieser Maßstäbe verlassen kann."

Stephan Gemkow (Jahrgang 1960) war vom 1. August 2012 bis zum 30.Juni 2019 Vorsitzender des Haniel-Vorstands und Arbeitsdirektor. In dieser Funktion verantwortete er neben der Führung der Unternehmensgruppe die Bereiche Unternehmensentwicklung/M & A, Personal, Recht, Revision, Gesellschafter und Kommunikation. Nach ersten Berufsjahren als Unternehmensberater für die BDO Deutsche Warentreuhand AG arbeitete der Diplom-Kaufmann seit 1990 in verschiedenen Führungspositionen im Lufthansa-Konzern, davon zuletzt sechs Jahre als Mitglied des Vorstands für Finanzen und seit 2009 auch für Aviation Services. Gemkow ist gegenwärtig u.a. Mitglied im Verwaltungsrat der Flughafen Zürich AG, im Board of Directors der JetBlue Airways Corporation, New York, sowie im Board of Directors der Amadeus IT Group, Madrid.

Welche Werte haben für Sie besondere Bedeutung und warum?

Für mich sind die Werte Integrität und Vertrauen am wichtigsten. Integrität beinhaltet für mich eine innere Haltung, die sich an Maßstäben orientiert. Das bedeutet, dass mein Handeln für mein Gegenüber berechenbar wird und man sich auf die Gültigkeit dieser Maßstäbe verlassen kann. Insofern liefert für mich die Integrität auch die Grundlage für Vertrauen.

Vertrauen beinhaltet Berechenbarkeit, Orientierung und Nachhaltigkeit im Verhalten. Vertrauen ist somit ein besonderer Wert, weil er sich nicht erzwingen oder kurzfristig erreichen lässt. Man muss also in Vertrauen investieren, erst dann wird daraus ein Wert. Beziehungen sind dann belastbar, wenn man einen Menschen in einer schwierigen Situation erlebt hat und erfährt, dass man ihm vertrauen kann. Aus diesem Grund sind für mich Integrität und Vertrauen die „secret sauces", also das, worauf es wirklich ankommt.

Mit welchen Werten kann ein Unternehmen langfristig erfolgreich am Markt agieren? Bringt Wertschätzung auch Wertschöpfung?

Ja, Wertschätzung bringt Wertschöpfung. Wertschätzung ist aber nur eine notwendige und keine hinreichende Bedingung, wie es in der Mathematik so schön heißt. Heute wird viel von Kundenzentrierung gesprochen. Ich bin überzeugt, dass man das beste Geschäftsmodell vergessen kann, wenn man seine Kunden nicht wertschätzt. Das gilt auch für die Mitarbeiter, denn hier im Westen kämpfen wir mit der demografischen Entwicklung. Gute Mitarbeiter suchen sich aus, für wen sie arbeiten. In der Venture-Capital-Szene ist die Situation übrigens vergleichbar: Die guten Startups haben keine Knappheit an Kapital. Im Gegenteil, sie suchen sich ganz gezielt ihre Venture-Capital-Fonds aus und erhalten eine entsprechende Wertschätzung.

Dennoch reicht Wertschätzung allein für eine erfolgreiche Unternehmung nicht aus. Erfolg braucht gute Produkte und eine hohe Qualifikation der Mitarbeiter. Märkte verändern sich in einem nie dagewesenen Ausmaß und in einer hohen Geschwindigkeit. Auch die Wettbewerbssituation kann sich aufgrund der Globalisierung, Digitalisierung und Technisierung schnell verändern. Amazon beispielsweise hat früher nur Bücher verkauft – und ist heute fast überall ein Wettbewerber. Auch können heute kleine Startups mit entsprechender Technologie größeren Unternehmen durchaus gefährlich werden. Das gab es früher in dieser Form nicht. Die Welt ist viel dynamischer und unvorhersagbarer geworden. Prozesse finden in Echtzeit statt, und die Kontrolle wird zunehmend Algorithmen übertragen. Dadurch nimmt das menschliche Verständnis von technischen Prozessen und Produkten rapide ab. Daher muss man sich immer mehr auf das Funktionieren technischer Prozesse verlassen – und noch mehr auf die Menschen, die diese Technologien entwickeln.

Ausdruck von Vertrauen ist für mich auch das Modell des „Ehrbaren Kaufmanns", das heute allerdings nicht mehr auf ungeteilte Zustimmung stößt. Es ist integraler Bestandteil des Haniel-Wertekanons und hat zu intensiven Diskussionen geführt. Manche Menschen prangern seine Beliebigkeit an. Ich entstamme der Thomas-Mann-Stadt Lübeck und kann mich mit dem Prinzip absolut identifizieren. Als gebürtiger Hanseat habe ich ganz klare Vorstellungen davon, was ich unter dem Begriff des „Ehrbaren Kaufmanns" verstehe. Jeder von uns weiß doch im Grunde, was erlaubt ist und was nicht. Wer solche Modelle ablehnt, möchte sich nicht zuletzt die Freiheit vorbehalten, egoistisch zu handeln. Diese Einstellung basiert auf dem Motto: Was nicht strafbar ist, ist erlaubt.

Jeder von uns weiß doch im Grunde, was erlaubt ist und was nicht.

Ich hingegen glaube, dass Führungskräften, die nach dem Prinzip des „Ehrbaren Kaufmanns" handeln, besser in der Lage sind, Vertrauen zu schaffen und langfristige geschäftliche Beziehungen aufzubauen. Rechtlich ist das Geschäft per Handschlag heute kaum noch möglich, aber es ist ein Symbol dafür, wie es eigentlich laufen sollte.

Je schneller sich die Welt dreht, desto größer ist das Bedürfnis nach erlernten, bekannten und nachhaltig wirksamen Werten.

Die Digitalisierung schreitet voran. Brauchen wir neue Werte in unserer neuen digitalen Welt, die gerade mit einer unglaublichen Schnelligkeit unser aller Leben verändert?

Ich denke nicht, dass wir neue Werte brauchen. Im Gegenteil: Je schneller sich die Welt dreht, desto größer ist das Bedürfnis nach erlernten, bekannten und nachhaltig wirksamen Werten. Aus meiner Sicht muss es sogar eine Art Gegenbewegung geben. Wir alle sollten uns wieder viel stärker an das zurückerinnern, was uns in der Kindheit aus gutem Grund beigebracht wurde. Im christlichen Abendland gibt es die zehn Gebote, die unverändert aktuell sind. Wir brauchen hier gar nicht viel zu verkomplizieren. Die Einfachheit und Klarheit, die sich in diesen „Regeln" manifestiert, ist unverändert gut.

Das lässt sich auch auf die Digitalisierung übertragen. Wir erleben heute ein blindes Vertrauen in Algorithmen und Programme. Zwar spielen, zumindest beim autonomen Fahren, ethische Fragen eine Rolle, aber ansonsten werden die Folgen der Digitalisierung und Automatisierung nur wenig diskutiert. Ich halte es für schwierig, dass die Menschheit immer datengläubiger und das menschliche Urteilsvermögen immer weiter eingeschränkt oder sogar ausgeschaltet wird.

Integrität und Vertrauen werden daher in einer stark virtuell geprägten Welt an Bedeutung gewinnen. Wenn wir uns vor Augen halten, wie künstliche Intelligenz in demokratischen Systemen funktioniert, können letztlich über Data Analytics Aussagen an Wählergruppen getestet werden und die Themen, die am besten scoren, werden in ein Wahlprogramm aufgenommen. Ein Wahlprogramm könnte so die Addition von Teilaussagen werden, denen dann noch ein charismatischer Kopf vorangestellt wird, und schon ist der Erfolg erreicht. Das könnte unser Verständnis von Demokratie komplett aushöhlen.

Doch nicht nur in der Politik, auch in der Wirtschaft ist technisch bereits viel möglich. Ich denke hier etwa an fortgeschrittene Sprachassistenten, deren Funktionsweise heute kaum noch Jemand vollständig durchblickt. Hier brauche ich sehr großes Vertrauen in das Unternehmen, das diese Produkte anbietet, weil ich nicht weiß, was mit meinen Daten geschieht.

Werteerziehung gehört zu den großen Herausforderungen unserer Zeit. Mit welchen Wertvorstellungen gehen junge Menschen heute ins Leben und sind diese Wertvorstellungen zukunftsfähig?
Es ist schwierig, von „der Jugend" zu sprechen, weil es diese de facto nicht gibt. Menschen sind sehr unterschiedlich, egal wie alt sie sind. Aber dass sich junge Teams in Startups zusammenfinden und etwas Neues schaffen wollen, das ist ein Trend, den es bisher in dieser Form aus meiner Sicht nicht gegeben hat. Daraus entstehen gerade viele spannende Projekte, die sich unter anderem mit sozialen und umweltpolitischen Themen auseinandersetzen.

Auf der anderen Seite sehe ich eine Jugend, die kurzfristigen Trends folgt und sich Mainstream konsumierend treiben lässt. Vor allem der unkritische Umgang mit sozialen Netzwerken und die Verkürzung von Aufmerksamkeitsspannen bei jungen Menschen finde ich bedenklich. Wenn Menschen nicht mehr in der Lage sind, umfangreichere Informationen wie etwa die in einer Zeitung oder einer Dokumentation mental zu verarbeiten, dann schwant mir Böses für die zukünftigen Generationen. Wenn wir uns nicht mehr mit komplexeren Sachverhalten auseinandersetzen können und das Denken buchstäblich verlernen, dann geben wir unsere Selbständigkeit und Eigenverantwortung irgendwann ab.

Die große Gruppe der Unkritischen und rein auf Konsum und Bequemlichkeit bedachten Menschen gibt dieses Verhalten an die nächste Generation weiter. Wie sollen Kinder dann überhaupt die Chance haben, ein erfolgreiches Wertesystem kennenzulernen und sich eigenverantwortlich in dieser Gesellschaft zu positionieren? Das lässt sich auch mit PC-Ausstattungen an Schulen nicht ausgleichen.

Auf dem Weltwirtschaftsgipfel in Davos habe ich an einem Workshop von drei Professorinnen der Universität Yale teilgenommen, in dem es um die Frage ging, wie sich Glück rein medizinisch äußert. Die Wissenschaftlerinnen stellten sich zum Beispiel die Fragen: Wie reagieren Menschen auf Incentives und warum? Wie funktioniert Meditation? Das war sehr faktenbasiert, aber hochspannend. Es zeigte sich, dass monetäre Anreize nur bis zu einem gewissen Grad funktionieren, und man sah auch, dass viele Leute gar keine Vorstellung davon haben, was für sie Glück ist, und daher auch nicht wissen konnten, wie sie es erreichen sollten. Der berühmte Lottogewinn ist für sich genommen auch kein Glücksgarant, denn Glück manifestiert sich selten an Äußerlichkeiten. Bei diesem Thema könnten wir sicherlich gerade bei jungen Menschen noch bewusster ansetzen.

Integrität, Ehrlichkeit und Verlässlichkeit werden in jeder Kultur hochgeachtet.

Korruption, Ränkeschmiede, Vetternwirtschaft: ein Blick auf die globalisierte Welt stärkt nicht gerade das Vertrauen in funktionierende Wertesysteme. Wie können wir in unserer alles andere als perfekten Welt Werte erfolgreich leben?

Man muss stur sein. Es bedarf eines gewissen Rückgrats, denn gegen den Strom zu schwimmen ist eine Kraftanstrengung. Es ist sicherlich richtig, dass es je nach Kulturkreis unterschiedliche Geschäftsgebaren gibt. Doch genau aus diesem Grund ist es umso wichtiger, sich auf allgemeingültige Regeln zu besinnen. Integrität, Ehrlichkeit und Verlässlichkeit werden in jeder Kultur hochgeachtet.

Doch wenn Menschen mehr auf ihre Bequemlichkeit und das schnelle Geld bedacht sind, wird es schwierig, Ethik in Unternehmen zu leben. Wenn es nur um die Ziele geht, schneller reich zu werden und kurzfristige Erfolge zu erzielen, wird das Bild der Wirtschaftslenker in der Gesellschaft sicherlich nicht besser werden. Der Wertekompass ist das Gerüst. Daran sollten sich auch die Chefs der Unternehmen halten und ihre Machtposition nicht missbrauchen, um zum Beispiel Firmengelder für die eigene Hochzeitsfeier einzusetzen, wie das anscheinend beim Chef von Renault-Nissan-Mitsubishi Carlos Ghosn der Fall war.

Welche Persönlichkeit des öffentlichen Lebens hat für Sie wirklich Vorbildfunktion und wenn ja, warum?

Mit dem Thema Vorbild tue ich mich insgesamt schwer, weil es den perfekten Menschen einfach nicht gibt. Daher habe ich mir über viele Jahre eher angeschaut, was der Einzelne besonders gut kann, so dass ich mir aus diesem Mosaik der Persönlichkeiten einen Rahmen für mein Handeln zurechtgelegt habe.

Allerdings war es mir in jüngster Zeit vergönnt, einen Mann kennenzulernen, der mich wirklich beeindruckt hat: den ehemaligen amerikanischen Vier-Sterne-General Stanley A. McChrystal. Er war unter anderem Oberbefehlshaber im Irak und hatte das Oberkommando über die alliierten Streitkräfte in Afghanistan. Nach seinem Austritt aus der Armee gründete er eine erfolgreiche Beratungsfirma und ist heute ein gefragter Gesprächspartner für Führungskräfte aus aller Welt. Dieser Mann hat in seinem Leben schon viele Extremsituationen gemeistert. Aber er ist, bei all den Herausforderungen seiner Karriere, demütig und gradlinig geblieben und verfügt über eine unglaubliche Empathie und soziale Intelligenz. Ich habe selten einen Menschen erlebt, der in unterschiedlichen Bereichen über eine so hohe Kompetenz verfügt und dabei bodenständig und humorvoll geblieben ist. ▬

Mit dem Thema Vorbild tue ich mich insgesamt schwer, weil es den perfekten Menschen einfach nicht gibt.

WELTOFFEN-HEIT, WERT-SCHÄTZUNG VON ANDERS ARTIGKEIT

━━━━━━━ **ANDREA REXER**

„Weltoffenheit und die Wertschätzung
von Andersartigkeit sind für mich von
zentraler Bedeutung."

Andrea Rexer (geb. 1981) ist freie Journalistin. Von November 2018 bis Dezember 2019 war sie Ressortleiterin Unternehmen und Märkte beim Handelsblatt in Düsseldorf. Zuvor war sie Redaktionsleiterin des SZ-Frauenwirtschaftsmagazins PLAN W und leitete die Finanzberichterstattung der Süddeutschen Zeitung. Von 2011 bis 2014 berichtete sie zunächst für die Welt/Welt am Sonntag aus Frankfurt am Main über Banken, Regulierung und Finanzmärkte, ab 2012 leitete sie das Frankfurter Büro der Süddeutschen Zeitung. Sie begann ihre Karriere beim österreichischen Nachrichtenmagazin „profil" in Wien, wo sie vor allem über internationale Ökonomie, Luftfahrt und Energie schrieb. 2014 wurde sie mit dem Ludwig-Erhard-Preis für Wirtschaftspublizisten ausgezeichnet. Im Sommer 2014 arbeitete sie im Rahmen des Arthur F. Burns-Stipendiums drei Monate im kanadischen Vancouver beim Online-Magazin „The Tyee".

Welche Werte haben für Sie besondere Bedeutung und warum?

Weltoffenheit und die Wertschätzung von Andersartigkeit sind für mich von zentraler Bedeutung. Denn wir leben in einer Zeit, die von gesellschaftlicher Polarisierung geprägt wird. Gegen Aggressivität, Hetze und Populismus offen aufzutreten, erfordert Mut. Und Mut ist neben Weltoffenheit und Toleranz der dritte Wert, der mir besonders wichtig ist. Zugleich sind es diese drei Werte, die auch für Führungskräfte enorm wichtig sind: Wer weltoffen und neugierig ist, hat gute Chancen innovativ zu sein. Und nur wer mutig ist, traut sich, neue Wege einzuschlagen.

Mit welchen Werten kann ein Unternehmen langfristig erfolgreich am Markt agieren? Bringt Wertschätzung auch Wertschöpfung?

Hinter einem erfolgreichen Unternehmen steckt eine Vielzahl von Werten. Die meisten Unternehmen haben ihre Werte irgendwo in Hochglanzbroschüren schriftlich festgehalten. Die Frage ist nur: Werden sie auch gelebt? Als Journalistin habe ich Einblick in viele verschiedene Unternehmen gewonnen. Und ich beobachte teils eklatante Widersprüche. Nicht selten werden die Werte aus der Hochglanzbroschüre mit den Füßen getreten, wenn es hart auf hart kommt. Wie steht es wirklich um die Transparenz und Ehrlichkeit gegenüber den Mitarbeitern, wenn die zum Beispiel die Auftragslage schlechter wird? Lässt der

Chef oder die Chefin den Druck, den er oder sie spürt, an den Mitarbeitern aus? Wie ehrlich und wertschätzend ist der Umgang mit Mitarbeitern, die dem Chef nicht sympathisch sind?

Ich glaube, dass es den Führungskräften manchmal gar nicht auffällt, wenn sie Werte verletzen.

Ich glaube, dass es den Führungskräften manchmal gar nicht auffällt, wenn sie Werte verletzen. Denn dazu bräuchten sie die Fähigkeit, sich selbst permanent zu hinterfragen – und das tun leider nicht alle. Chefs werden ja gern von den Mitarbeitern umschmeichelt, es ist bequem, sich mit Ja-Sagern zu umgeben.

Was können Führungskräfte tun, um sich ein ehrliches Feedback einzuholen? Ein Vorschlag: Jeder Chef und jede Chefin braucht einen Hofnarr, also eine Person, oder vielleicht sogar zwei, drei, die explizit dazu aufgefordert sind, offenes und ehrliches Feedback zu geben. Die Hofnarren sollten früher ja nicht (nur) den Hofherrn unterhalten, sondern durften ihm – dank der Narrenfreiheit – ungestraft den Spiegel vorhalten. Eine solche Offenheit kann natürlich weh tun. Aber wenn sich eine Führungskraft darauf einlässt, hat sie einen unschätzbaren Vorteil: Er oder sie sieht, wo sich die Steine auf dem Weg befinden, statt das Unternehmen durch einen rosaroten Nebel zu steuern. Und diese Unternehmen haben eine größere Erfolgschance.

Die Digitalisierung schreitet voran. Brauchen wir neue Werte in unserer neuen digitalen Welt, die gerade mit einer unglaublichen Schnelligkeit unser aller Leben verändert?

Nein, aber manche Werte werden in dieser Zeit wichtiger als andere: Mut, Kreativität und Chancengleichheit gehören etwa dazu. Mut, auch mal neue Wege zu beschreiten. Kreativität, um eigene Lösungen zu finden. Und Fehlertoleranz ist dafür die Vorbedingung – denn nur, wenn die Mitarbeiter wissen, dass sie Fehler machen dürfen, werden sie neue Dinge ausprobieren.

Hervorheben möchte ich noch einen Wert: Chancengleichheit. Die meisten Menschen würden wohl unterschreiben, dass alle Menschen gleiche Chancen haben sollten. Dass sie das nicht haben, ist offensichtlich. Aber wir sollten uns bemühen, Menschen nicht aufgrund ihrer Herkunft oder ihres Geschlechts oder der Tatsache, dass sie introvertiert sind, zu diskriminieren. Wenn sich ein Unternehmen diesem Wert verschreibt, wird es auch wirtschaftliche Vorteile haben: Denn heute ist es viel wichtiger als früher, das Potenzial der gesamten Belegschaft zu heben. Früher reichte es vielleicht, einen genialen Erfinder zu haben. Heute verändert sich der Markt so rasant, dass es mehrere Augen braucht, um zu verstehen, woher die nächsten Veränderungen und Geschäftschancen kommen. Deswegen ist Diversity (oder Vielfalt) so wichtig. Ein homogenes Team, sagen wir mal zur Abwechslung, ein Team bestehend aus jungen weißen Frauen, wird weniger Impulse geben als ein gemischtes Team. Nur einem Irrglauben darf man nicht aufsitzen: Es wird dadurch nicht gemütlicher. Durch Vielfalt entstehen Diskussionen und Missverständnisse. Die muss man aushalten können. Aber es lohnt sich.

> **Denn heute ist es viel wichtiger als früher, das Potenzial der gesamten Belegschaft zu heben.**

Werteerziehung gehört zu den großen Herausforderungen unserer Zeit. Mit welchen Wertvorstellungen gehen junge Menschen heute ins Leben, und sind die Wertvorstellungen zukunftsfähig?

Werte sind keine Altersfrage. Die Frage klingt ein wenig so, als wäre die Jugend weniger an Werten interessiert als die Älteren. Das wäre falsch. Sind es derzeit nicht sogar die jungen Leute, die die Älteren an ihre Werte erinnern? Beim Brexit zeigen sich die jungen Briten deutlich weltoffener als die alten. Die Fridays-for-Future-Bewegung kämpft friedlich für Klimaschutz. Und wenn junge Leute als weniger leistungsbereit dargestellt werden, weil sie neben der Arbeit ein Privatleben einfordern, so ist das womöglich gar nicht ihrer vermeintlichen Faulheit geschuldet. Es könnte auch ihren Werten geschuldet sein – etwa dem Wert der Familie. Viele junge Männer beispielsweise schätzen den Wert der Familie viel höher, als es ihre Väter getan haben – und beanspruchen Elternzeit. Manche tun dies auch über die üblichen zwei Monate hinaus, egal, ob das ihrer Karriere schadet, oder nicht.

Korruption, Ränkeschmiede, Vetternwirtschaft: Ein Blick auf die globalisierte Welt stärkt nicht gerade das Vertrauen in funktionierende Wertesysteme. Wie können wir in unserer alles andere als perfekten Welt Werte erfolgreich leben?

Ich glaube nicht, dass die Welt schlechter geworden ist. In vielen Kriterien ist sie sogar besser geworden: Denken Sie an die gesunkene Kindersterblichkeit, die steigende Lebenserwartung, die Reduzierung der extremen Armut. Manches ist auch schwieriger geworden, etwa der Anstieg des Populismus, wie schon eingangs erwähnt. Daher gilt es wie eh und je für seine Werte geradezustehen.

Welche Persönlichkeit des öffentlichen Lebens hat für sie wirklich Vorbildfunktion und wenn ja warum?
Manche Menschen sagen, sie hätten keine Vorbilder. Ich glaube, dass jeder Vorbilder hat. Oft passiert das unterbewusst. Vorbilder sind Menschen, die uns beeinflusst und inspiriert haben – selten umfassend, meistens aber in einer bestimmten Rolle. Deswegen mag ich das englische Wort „role model" lieber. Denn in diesem Begriff wird klar, dass es immer um einen Ausschnitt der Person geht, denn jeder hat im Leben viele Rollen. Wenn ich also rückblickend darüber nachdenke, wer mich beruflich inspiriert hat, dann war das die Lokalredakteurin Sabine Zehringer, bei der ich mit 15 Jahren mein erstes Praktikum gemacht habe. Sie ist heute Chefredakteurin der Lokalzeitung. Sie hat mir nicht nur beigebracht, wie man einfache Meldungen, erste Reportagen oder Berichte aus dem Gemeinderat schreibt, sondern sie hat mir auch vermittelt, dass man den Journalistenausweis niemals benutzt, um sich gratis ins Museum oder Kino hineinzuschleichen, wenn man eigentlich privat hingeht. Dass man sich durch die dienstliche Position nicht korrumpieren lassen sollte, lässt sich natürlich auf sämtliche Berufsbilder übertragen. ▬

Vorbilder sind Menschen, die uns beeinflusst und inspiriert haben – selten umfassend, meistens aber in einer bestimmten Rolle.

ANDREA REXER

ÜBER
DIE
WERTE-
KOMMISSION

Unsere Generation ist mit der Globalisierung aufgewachsen und trägt Verantwortung in Wirtschaft und Gesellschaft. Aber wir stellen fest, dass die Werte, die uns persönlich wichtig sind, in vielen Unternehmen nicht gelebt werden. Eine Marktwirtschaft und eine freie Gesellschaft funktionieren jedoch nicht ohne gelebte Werte. Mehr noch: Werteorientiertes Handeln ist auf lange Sicht ökonomisch effizient – ungeachtet der Tatsache, dass es im Unternehmensalltag kurzfristige Zielkonflikte zwischen ökonomisch rationalem und ethisch wünschenswertem Handeln geben kann.

Die Wertekommission ist eine Initiative von Führungskräften der Wirtschaft, die sich mit dem scheinbaren Widerspruch zwischen ökonomischen und ethischen Zielen nicht abfinden wollen, die fest von der Notwendigkeit wertegeleiteten Verhaltens für die Wirtschaft und für die Gesellschaft überzeugt sind und die dafür eintreten – jeder in seinem Unternehmen und durch sein Engagement in der Wertekommission.

Die Wertekommission ist seit 2005 zum Markenzeichen im Diskurs um Werte geworden, etabliert in zahlreichen Diskussionsforen, Vorträgen, Veröffentlichungen und bundesweiten Kampagnen.

Das Markenzeichen Wertekommission haben wir um den Untertitel Initiative Werte Bewusste Führung ergänzt, um den Fokus auf unsere ganz persönliche Verantwortung in unserem alltäglichen Handeln zu richten. Die Zielgruppe der Wertekommission sind Führungskräfte in deutschen Unternehmen, denn diese haben beim Thema Werte eine besondere Verantwortung. Wenn Werte von Führungskräften nicht gelebt werden und somit der Vorbildcharakter fehlt, haben Werte auch auf der Mitarbeiterebene keine Chance. Für uns sind die Unternehmen, in denen wir arbeiten, der Ort, um etwas zu verändern. Unser Ansatzpunkt ist dort, wo wir persönlich Verantwortung tragen, denn Veränderung beginnt bei jeder und jedem selbst. Wir sind davon überzeugt, dass Werteorientierung eine erhöhte Wertschöpfung zur Folge hat. Und wir wissen, dass Unternehmen nachhaltiger wettbewerbsfähig sind und engagiertere Mitarbeiter gewinnen können, wenn sie wertebasiert handeln. Wir jedenfalls wollen uns mit integrer Leidenschaft, Mut und Verantwortung für unsere Unternehmen einsetzen, weil wir imstande sein wollen, in ihnen die Werte zu leben, die uns wichtig sind.

Unsere Werte haben wir mit Führungskräften unterschiedlichster Branchen in zahlreichen Diskussionsrunden und auf Werteforen in Deutschland definiert und geschärft, neu gefasst und wieder überarbeitet. Es sind Werte, die uns als Führungskräfte – privat und beruflich – wichtig sind:

VERTRAUEN
VERANTWORTUNG
INTEGRITÄT
RESPEKT
NACHHALTIGKEIT
MUT

Vorstand
Sven H. Korndörffer, Julia Weiss, Daniela Bechtold-Schwabe, Thorsten Greiten, Manuel J. Hartung, Prof. Dr. Ludger Heidbrink, Sarna Röser, Maša Schmidt

Bibliografische Information der Deutschen Nationalbibliothek
Die Deutsche Nationalbibliothek verzeichnet diese Publikation in der Deutschen
Nationalbibliografie; detaillierte bibliografische Daten sind im Internet über
http://dnb.d-nb.de abrufbar.

Frankfurter Allgemeine Buch

Copyright: FAZIT Communication GmbH
Frankfurter Allgemeine Buch
Frankenallee 71 – 81
60327 Frankfurt am Main

Gestaltung und Satz: Martin Gorka
Druck: CPI books GmbH, Leck
Printed in Germany

1. Auflage
Frankfurt am Main 2020
ISBN 978-3-96251-082-4